推薦序一

幸福不過是一隻街貓的高度

街貓其實是城市的人文風景。

看待街貓，不外乎兩種態度：或視之為衛生滋擾；或視之為救助的對象。身為動物權益份子，我自然傾向後者，但亦不時提醒自己：無論是哪一種心態，其實也是把「街貓」視為「他者」；一旦用上了「同情」、「憐憫」等字眼，則不免把自身抽離對方的處境，甚至是比他們高了一等，再施以救援。

這是無可奈何的現實，因為城市的社區本就為人而設，沒想過其他生命的需要。

幸運的是，隨着不同媒體的興盛，加上攝影科技的普及與水平提升，愈來愈多貓友在參與動物保護工作之餘，也以文字、照片記錄社區貓的生活點滴；這能讓更多人認識到：

街貓，不只是可憐，更非可恨；他們是有血有肉的個體，過着和人類相差不遠的生活，也有他們的家人、族群，有溫飽的需要。社區動物甚至比人類更懂得享受生命——一場陽光下的午睡，一次雜草間的追逐，正是與人類孩童相近相知的樂趣；「朝不保夕」的生涯，並不影響他們求生與尋樂的意志。街貓也好街狗也好，還有社區中的動植物生靈，其實都是鄰舍，他們所想所求，和我們的都相似，都類同，甚或來得更清晰純粹。

感謝寬華，他的作品正是站在街貓的角度，展示貓們日常的本色；貓的生活其實反映了人類的處境。若貓們過得舒坦，那是人類的福氣，因為那代表着整個社區的寬廣與大度——幸福不過是一隻街貓的高度；只待人類放下身段與自我。

香港作家、動物權益團體「動物地球」幹事
張婉雯

推薦序二

街上美麗身影的記錄

就這麼隨意走在路上隨意遇到一隻貓的驚喜，每個愛貓人都可能遇到的雀躍心情，你可能用眼睛追隨着，而陳寬華則用隨身的相機捕捉了那份簡單的感動呈現在大家面前，沒有特別的炫技，也沒有專門的行程，這就是陳寬華的隨意浪漫風格。

第一次見到Neko是在我的攝影展上，久聞大名後第一次見面，覺得這個男生有點靦腆，然後一下子就不見了，跟貓一樣，後來大約過了幾年，我開始救助淡水街貓，才慢慢跟他熟起來，也才知道他已經默默關心台灣街貓好多年了。

台灣很多人關心街貓，許多團體和個人自掏腰包夙夜匪懈甚至變賣家產犧牲個人生活享受，但也有很多人並不歡迎也無法包容。許多原本適合自由貓生活的舊社區，在房地產炒高後漸漸被改成新式建築，這些搬進新建築的人，住在有警衛和層層防衛的門內，也漸漸把自己的心關起來了。在這樣長期的拉鋸之下，無論動保的力量如何壯大，另一邊的力量似乎更強。再多的理想，沒有專業的配套之下，動保之路還是遙遙無期，你今天辛苦TNR，明天那隻剪過耳朵的貓可能馬上被捉去收容所，或被別人異地放養的狗咬死。今天拍到的那隻貓，你沒有把握對他說「明天見」。街貓在照片裏看起來是那麼悠然自得，傲然於天地。誰知你一轉身，他要面對的，我們又能想像和忍受嗎？保護動物是這麼讓人想拚了命去做卻又經常被打擊，但我們何嘗能說放棄？他們就只剩下我們了。

書上的貓大多已不在世上了，謝謝Neko拍下他們美麗的身影，證明他們曾經來過！

淡水有貓粉絲團團長、台灣貓咪攝影師
王瓊賢（小賢豆豆媽）

推薦序三

記錄美好記錄貓

「記錄」是一個動詞。代表經常的、不間斷的，利用攝影器材將貓的形象與生活樣態，透過雙腳親臨實地，用眼睛看、用攝影媒材把當下時空凍結轉換成影像。

為甚麼要記錄？因為今天不拍，明天就拍不到了。為甚麼會再也拍不到了？每一隻貓，都是一個獨特的個體。以台灣常見的所謂「米克斯」（MIX）貓來說，他們都是獨一無二的，外型的複製與比較對他們毫無意義。他們的生命，不論家貓、不論街貓，或長壽或短暫，一隻米克斯貓的消逝，就是一種獨特花色的在地球上永遠的消失。

時間更是難以溯回的。

時間。可以是按下快門的那一瞬間那 1/60 秒。也可以是在照片中，連貓所一起拍攝下來的「時代」。時間一點一滴的在流逝，時代悄悄地、偷偷地變換累積。處於當代的人忙碌到難以察覺，並不特別去記錄那些好似永遠不變的日常。在一個時代過去之後，我們再無法回到過往，記錄那些我們終於發現已經消逝，卻又時時令人回想、比較、不捨的再不回頭的事物。發現到當今人們推倒、驅逐過去，喧嘩地去蓋起摩登、閃耀、譁眾取寵的事物，原來並不一定美好、不一定值得保存，而且是冷酷無情。

街貓的生命與生活是這樣，我們安身立命的家也是這樣。你在這本書裏看到的街貓與他們的生活區域，包括巷道角落與小菜園早已不復見了。在社會時空變遷與人們逐利之下，老住宅區被掃平，美名都市更新，蓋起高聳的華廈豪宅。走下樓，再碰不見阿狗看不見花貓，只能見到穿黑衣的警衛站崗，還有電眼盯着你，伴着冷風吹。

卻也別只是想念那過往的美好時光，還要在當下蹲下身、伸出手讓他們走進我們的生命裏，走進家家戶戶人們的心裏。一個城市裏，最好的是回家有眾貓迎接你的社區，最舒服的是那條街貓悠閒步行的巷道，最美的是那個有貓駐足打盹的牆頭，最富有的是貓咪張口呼喚着的那戶人家，最滿足的是我們和他們一起在這裏生活，我們何其幸運，我們也必須善護，他們就是存在於我們心中最珍貴最柔軟最有價值的部分。

社團法人台灣認養地圖協會理事長
蘇聖傑（KT Su）

自序

愛護街貓意識的傳承，有愛的無形力量正在蔓延……

從街貓「小白」在我生命中出現的那一刻開始，「小白」便領着我一頭栽入了街貓的世界。當時我利用工餘時間，在住處周圍不斷尋找街貓的蹤影，觀察並記錄他們的生活。後來網路上正興起寫部落格的風潮，於是我將拍到的貓咪照片輔以一篇篇的文字，放到當時的「明日報部落格」與大家分享，也因此認識了不少熱心的愛貓朋友與動物志工。

二〇〇四年，我的第一本書《貓咪出來玩》出版了，這本書對我意義重大，因為與貓的緣分，開始了我對街貓攝影的使命感。所謂的使命感，其實是自己賦予的，但我從不想給自己太大壓力，每次在街上拍貓，我都幻想自己化成一隻拿着相機遊走的貓，期待在轉角遇見我的同伴們。我開始不停地在路邊記錄貓咪的樣貌與生活，在網路上與更多網友分享。漸漸地，我得到許多網友的回應，甚至有些原本對街貓有着刻板、負面印象的網友，因為關注了我的部落格而對街貓改觀，他們喜歡上貓咪，覺得貓咪並非他們原來以為的陰沉與可怕，而是可愛又善良。

當時我用了兩年去拍攝街貓，以追蹤記錄的形式寫下拍攝街貓的心情與街貓的生活，沒有複雜深奧的詞藻，也沒有華麗的包裝，我想能更親近讀者，希望在當時還沒有很多貓書的台灣市場注入一股新風潮，就是把街貓結合台灣的日常街景，並且把街貓當成主角，令圖片與文字更富故事性與溫馨的味道。

十幾年過去，台灣民眾的動保意識有了明顯的改變，出版文化的推動功不可沒，因為有更多像《貓咪出來玩》這樣的書出版，它們對台灣民眾起了潛移默化的作用，加深了人們對動物的生存權益的思考，也因此產生許多期望能改善街頭動物生存空間的想法。我相信這股力量會不斷地在新一代心中萌芽、茁壯，令更多街頭動物受惠。

在全世界各個大城市裏，我們轉身都可能遇見街貓，與我們共存在銅牆鐵壁之下，當我們感到疲憊的時候，看到這些小小的街頭上的生命，我們的心會得到安慰，相信逆境可以求存。我堅信這種想法能感染別人，藉着本書，藉着更多關心街貓的朋友的行動，願我們一起分享更多愛護動物的想法。

目錄

Chapter 3

貓大哥在看着你

貓中途二三事

拍攝街貓的起點——小白

剛搬到台北內湖時，並不知道附近有這麼多街貓。最早來到陽台報到的是一隻愛撒嬌的橘貓，我叫她小白。小白彷彿知道這戶人家會招待她似的，幾乎每天沿着屋頂的甘蔗板走過來，跳上欄杆，坐在門口的窗紗前往屋裏瞧，對着裏頭喵喵叫。

這就樣，從那個時候開始，小白帶我走進了街貓的世界。

我住在內湖的週美里，是個富懷舊感又安靜的小區，有很多奇妙的荒廢屋子與小工廠，也有不少空地和樹林，鄉村味甚濃的巷弄，每個轉角都有不同的風光。家附近有個小市集，有幾家小吃店、海鮮攤，在這裏不難發現街貓的蹤跡。

小白幾乎每天來我家「作客」，剛開始我只見她一隻貓，久而久之，出現在陽台上的貓愈來愈多，好像「做出口碑」似的，這使我更想探索街貓的奇幻國度。

我誠摯地請你翻開本書，透過我的鏡頭，慢慢去認識屬於貓兒的世界，那是個慵懶、美好又帶點私傲的世界。

關於小白

小白每次報到，總會喵喵叫討吃。家裏的貓咪鼻涕和 Camper 總是好奇地圍過來看。有時候我會大方餵小白，有時候不會。我不想她太依賴我，畢竟她是隻街貓。小白不一定每天報到，偶爾會消失一陣子。常常有一隻貓陪着小白出現，叫做「花菊」。那傢伙戒心很重，我餵過她幾次，想摸她卻總是被兇或被抓。

小白常常坐在門口乘涼、理毛、看小鳥飛、睡大覺，直把我家陽台當成她的窩。但我不會趕她走，她愛待多久就待多久，只是，千萬別把垃圾袋裏的垃圾翻出來啊。

有一晚我在廚房做家務，防火巷一直傳來小貓「喵喵喵」的微弱叫聲，我決定去瞧瞧。果然，在陰暗的巷子裏有幾隻小貓。我看到他們時，幾隻毛孩子已經睡着，大概是叫累了。這幾個小傢伙應該是小白生的吧？

過了一陣子，小白又出現了，身上帶着傷痕，不知跟誰打架。我擔心小白和小貓，整天在後陽台看他們，直到鄰居把小貓抱走。盼望鄰居能善待幾隻貓寶寶吧。

Chapter

1

小貓幼稚園

清晨遇見貓咪家族

這陣子生活正常，經常早晨七點多便起床了。看到外面天氣宜人，拿起相機出門散步。在家附近的公園逛了幾圈，突然瞄到遠處路邊有小貓在玩耍。不想打擾他們一家，靜靜地換上長鏡頭捕捉這畫面。

起初只見一隻小貓開心地玩，後來一隻害羞的小黑貓從木頭倉庫下的破縫裏探出頭來。他們的媽媽呢？原來在一旁注視着小貓玩耍。

離小貓實在太遠了，長鏡頭不夠用，我躡手躡腳想往前移一點點，卻被靈敏的貓咪發現了。小貓有點好奇又有點錯愕，可能在他們眼中，我是個在清晨出沒的不可思議的龐然大物吧？

早上看到如此溫馨的畫面，真讓人心頭一暖，美好的一天就要開始了。

樹蔭下的貓咪母子

趁着趕稿的空檔到外面拍照，是我解除壓力、轉換心情的最好方法。每當在某個不知名的巷子轉角遇見貓咪，那種驚喜直教我高興上半天。

秋天的太陽沒有絲毫想休息的感覺，依舊用盡全力發光發熱。走進「貓咪小道」，小小的生命不知不覺又誕生了。貓

媽媽似乎很年輕，帶着四隻花色不同的小貓在巷子裏生活，其中一隻小橘貓的眼睛還不太能打開，動作遲鈍，依偎着貓媽媽，一起躲在樹蔭下曬太陽。

小貓咪初生不久，已懂得閃躲人類，聽到不一樣的動靜立刻找掩蔽物躲起來，唯獨這隻雙眼尚未完全睜開的小橘貓能讓我收進鏡頭。

下午溫柔的風在流動，小貓有媽媽陪在身邊，有一種幸福愉悅的氣氛。我知道今天是個美好的攝影日子。

破門與小橘貓

不曉得這平房有多少年歷史了，門底的木板早已腐爛，旁邊還擱着另一扇壞掉的門。一隻小橘貓呆坐在門前，就像等待媽媽接下課的小朋友，乖乖地端坐在門口，心裏可能在想：待會兒

媽媽會給我帶甚麼好吃好玩的呢？

午後的陽光映照在磚頭牆上，斑駁的樹影像一幅畫，清爽的微風吹撫着……小橘貓微微抬起頭聞了聞。

離去時，我別過頭看他，小巧可愛的身影深深烙在我的心裏。

綠色停車場上的虎斑小貓

沿着河堤走到一處長滿青草的私人停車場，看到一家子虎斑貓。只是，我的出現卻嚇得他們全躲到車底去。

我想再看看這一家美麗的貓，於是蹲在一旁靜靜等待。等了很久，終於一隻小虎斑溜出來在草地上打滾。就在他忘我打滾

時，我們四目交會。

孩子如此放心地玩耍，虎斑媽媽在哪裏？原來她早就怕得翻過牆去了。

走到停車場另一邊去找貓媽媽，才發現牆後是個菜園。貓媽媽逃到菜園中間躲起來，警戒地看着我。我知道，只要我稍微一動，她就會拔腿逃走。我只好蹲在路邊，拉長鏡頭，拍下這張被大菜葉包圍住的虎斑貓媽媽照片。

追蹤小丑臉貓

冬陽雖暖和，寒風還是吹得我直哆嗦。一路上只偶爾遇見小貓幾隻。轉個彎，在河堤旁遇到這隻長得詼諧的小丑臉貓。貓咪看見我笑他，沒好氣的瞪着我，我自覺失禮，馬上收起狹促的笑容，趕緊跟在他身後。

小丑臉貓先躲避我走到水溝蓋上，接着越過草坪走到堤防下的人行道，然後放下腳步回頭看我。這時迎面來了一位老奶奶，我很擔心貓咪會一溜煙跑掉，結果老奶奶走過小丑臉貓，可是人不理貓，貓也不睬人。

小丑臉貓轉頭盯着我，彷彿在說：給你這麼優雅的角度還不趕快拍啊？於是我把老奶奶步伐蹣跚的背影和小丑臉貓的「回眸一瞪」一同拍下來……

又有一天，我走到公園附近的小巷子，再次遇見小丑臉貓。這次我跟得更緊，走到人煙稀少的巷弄。不一會兒，小丑臉貓轉了個彎溜進一條窄巷，我像個間諜似的跟着他，他不時緊張地回頭看我。就在轉角前，我聽到乒乒乓乓的聲音，小丑臉貓突然不見了。

正在納悶他躲到哪兒，抬頭一看，在兩幢平房之間的小縫現出兩張貓臉。原來小丑臉貓是隻貓媽媽，把小貓養在兩戶人家的屋頂夾縫中。小貓跳上跳下從縫裏看我，小丑臉貓則死瞪着我，深怕我做出甚麼壞事。

我環顧四周，小貓只窩在屋頂夾縫下面，冬天的風那麼大，接着幾天如果下雨，不知道小貓能否挺得住，祈求老天保佑貓媽媽和小貓平安健康。

紅色單車旁的小毛球

貓媽媽在單車旁生了三隻小貓，當我走近時，其中兩隻躲到單車後的小水溝去，剩下的這一隻毛小孩在呼呼大睡。

小貓剛出生，眼睛還張不開，看起來睡得很香，真想在他耳邊輕輕地

問：「正在做甚麼好夢嗎？」

冬陽和煦，輕輕地灑在小貓身上，後面的磚屋、單車、竹掃把、塑膠水管、水龍頭，就像一張靜態油畫。能生活在安寧的小區，是一種福氣，但願這種友善的生活氛圍能惠及每一隻初生的小貓，讓他們好好長大。

陽台上的小貓

小巷子上的陽台冒出一隻小貓，靜靜地望着遠方。這一帶的街貓特別多，住一樓的人晚上在巷口擺攤賣燒烤，到了白天，會把一些處理過的雞肉拿去餵貓。住二樓的住戶養了一隻白色波斯貓，

似乎也會在陽台餵貓。有食物的地方，貓咪自然多了。

上次我錯過了相似的畫面，有隻貓咪從這個陽台上探出頭來看我，突然「咻」的一聲，在我頭頂從一邊的圍牆跳到另一邊去，然後跟底下的貓會合跑走。這次很幸運，遇見一隻不太害羞的貓咪，還擺了幾個憂鬱的表情，就像訓練過的模特兒。

餵奶中的小丑臉貓媽媽

在雜亂的工廠門外，工業用料的罐子散落一地，工人用的小圓櫈隨意放着，貓媽媽給小貓餵奶。不協調的景象，卻又如此奇妙。

我第一次看見街貓在路邊餵小貓喝奶。之前跟蹤了好幾條巷子的小丑臉

貓媽媽，把屋頂上的小貓全帶下來，大剌剌地在地盤哺乳，完全不顧來來往往的工人。小貓爭先恐後吸着媽媽的奶水，其中一隻因為我有點靠近，嚇到躲在一邊。

街貓在街上哺乳是很難見到的，貓咪的戒心向來很重，極保護小貓，藏身之處一旦被發現便立刻換地點。但小丑臉貓媽媽卻很自在，大概是這附近的角頭，所以不懼怕吧。

花開了，貓來了

當看到第一朵杜鵑花開了，就知道春天真正來了。那豔麗的桃紅色，鮮明得連貓咪都看到了。貓爸爸帶着小貓來上春天之課，用身體靜靜感受春天……花開的聲音，露水

的清涼與輕盈，陽光沿着牆壁逐寸挪動，草兒慢慢向上生長，風吹着卻不寒冷。小貓用小小的、靈敏的鼻子，嗅聞着屬於春天的味道。

Chapter

2

躲貓貓高手

石頭貓

走到隱密的小巷，地勢較低，可看到一旁平房的屋頂上長滿雜草，堆了一些石頭，還有塑膠袋和鏽蝕的鐵網子。

嗯？有塊石頭的顏色有點不對勁，是石頭嗎？看起來像塊布？毛毛茸茸的……原來是隻小貓蜷縮着睡覺！

貓咪把整個頭埋在身體裏再窩成一團，看起來還真像塊大石頭。我慢慢靠近，舉起相機，貓咪立刻抬頭看我。我小心翼翼地拍了幾張照片，再悄悄退下來，繼續探訪下一隻街貓。

小貓遊樂園

走出「貓咪小道」，眼角瞄到轉角一個遍佈雜草的屋頂有東西在動。哦？原來有三隻小貓在上面嬉戲，跳來跳去，咬成一團。不一會兒，小白貓見到我，好奇地向我這邊看，原來他兩顆眼珠子的顏色不一樣呢！旁邊那團黑黝黝的東西，是另一隻小黑貓，他正在玩躲貓貓的遊戲！

地圖貓

每次經過這幅畫了周邊地圖的牆壁，都很想看到貓咪。住在附近的街貓讀着附近街道的地圖，不是很有趣嗎？

沒想到今天走過這裏時，真的出現了一隻貓。如果不是

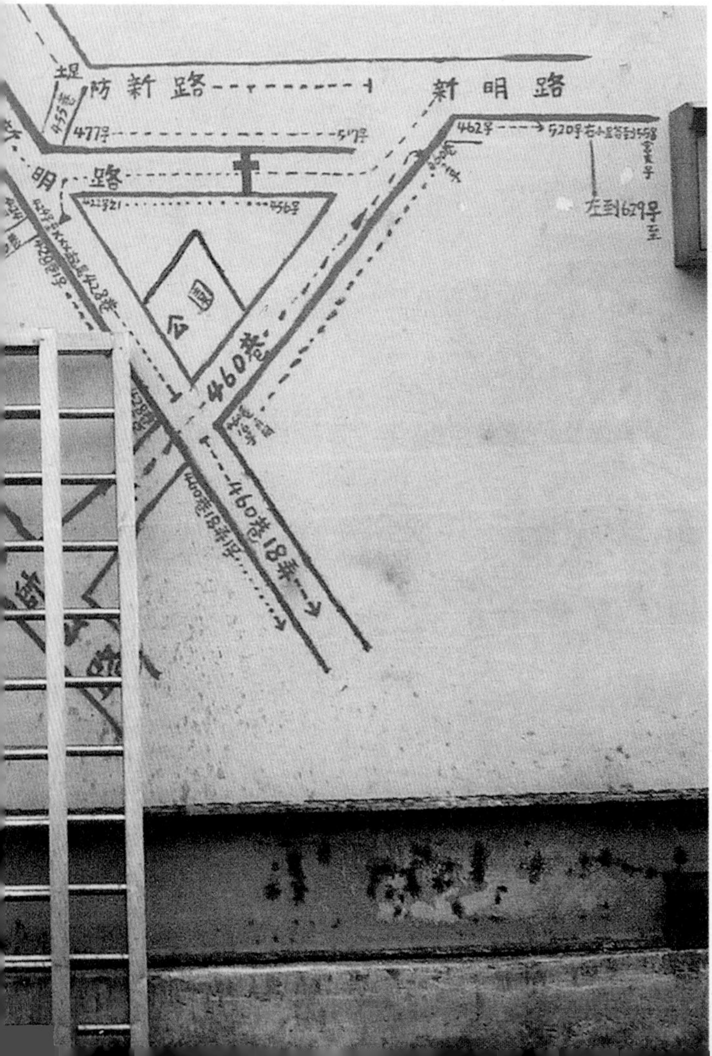

我多心，還真難發現空心鋼條架裏有一隻跟牆壁顏色相似的小貓呢！

小貓似乎不太怕人，可能有鋼條管掩護吧，還傻愣愣地坐着。能拍到這張期待已久的照片，讓我很感動。

窗裏的貓

這裏空屋很多，人煙稀少。如此環境，街貓該不少。這個破舊的大房子，原本或是個倉庫，屋頂已不見了。走着走着，從窗戶裏看到地上躺着一隻貓，我們彼此悄悄對看，貓咪似乎很好奇，彷彿在想：「這傢伙怎麼會發現我？」

社區衛生糾察貓

來到一條寧靜的巷子，看到一塊勸告鄰居不要亂丟垃圾的牌子，我「喵」了幾聲，突然從牌子後冒出一雙大耳朵和半張貓臉。小橘貓就像一個監視者，提醒大家保持社區乾淨：

「你們人類每次都把責任推卸到我們貓族頭上，說環境髒亂都因為街貓，明明最愛到處亂丟垃圾的是人類，卻嫌棄我們髒，我們可是天天整理自己的毛呢！明明就是你們人類到處製造髒亂，引來蟑螂老鼠，我們喵星人幫忙消滅這些害蟲，卻還要揹上黑鍋當代罪貓貓，真的是真心換絕情呀！」

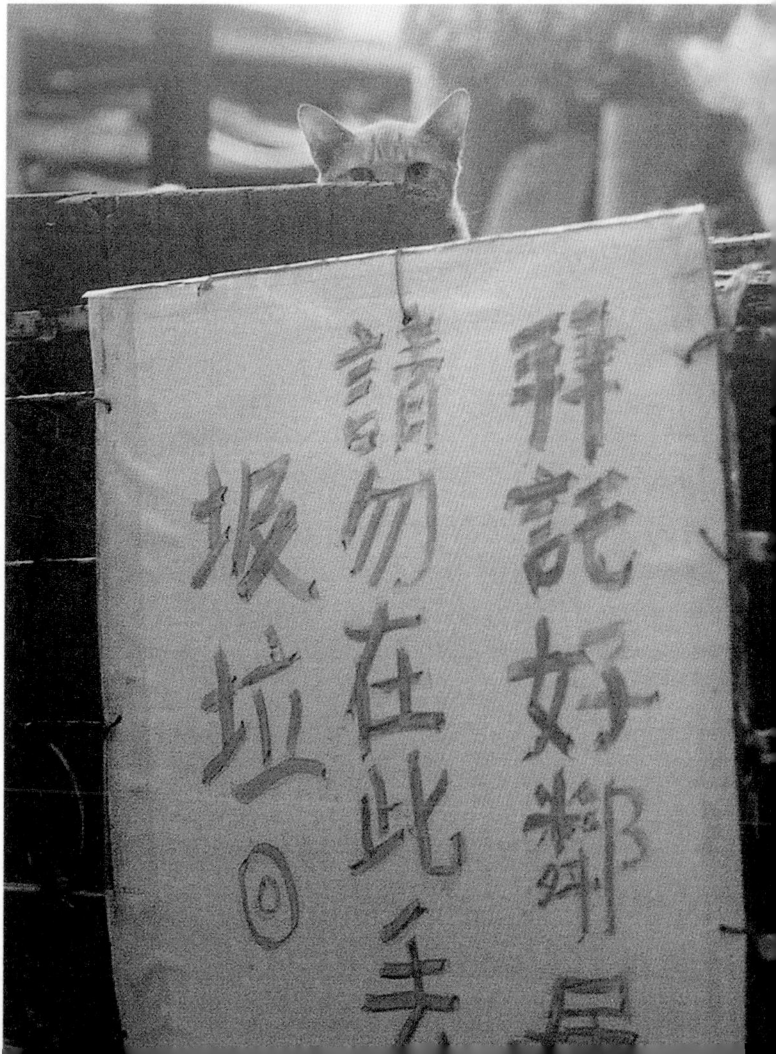

你怎麼看到我？

走過之前拍到衛生糾察貓的巷子，在同樣的牌子前看到一個貓屁股露在外面。

我忍不住摸了一下！

小貓嚇了一大跳，猛地抬頭看我，一臉疑惑，似乎想跟我說：「你幹嘛摸我屁股？你怎麼看到我？」

雜貨店的招財貓

我要大聲說：「我好喜歡這小肥貓！」

這隻像穿了件小外套的肥貓，是菜市場雜貨店的店貓。雜貨店人來人往，非常熱鬧，小肥貓不但不怕，還坐在門口招攬生意，路人紛紛駐足看他。

小肥貓在啤酒箱子旁洗臉，再伸個懶腰。我走過去，他沒有躲開，還向我喵喵的叫。多麼熱情好客的店貓呀！我跟他玩起躲貓貓的遊戲，我躲在箱子後學他喵喵叫，小肥貓聽到我模仿他的叫聲，探出頭來迷惑地看着我。

「嗯？幹嘛？想跟我玩躲貓貓嗎？你有沒有搞錯啊，我才是貓呢！你怎麼能躲得過我？」

你們看小肥貓的樣子是不是很逗趣？

台灣啤酒
TAIWAN BEER

TAIWAN

消失的巷子

這裏根本稱不上是條巷子，應該算是兩個房子之間的縫隙，只有一人的寬度，還長滿了雜草。每次經過我都會瞄一下，但總是沒有驚喜。今天又路過這裏，遠遠見到雜草堆中好像有甚麼東西在晃動，我放着膽子走進去一探究竟……

結果發現一隻黑貓和一隻面具貓安靜地端坐着，他們知道被發現了，於是擺了個嚴肅的表情，看看我到底想幹甚麼。我匍匐前進，兩隻貓一直注視着我。在保持一個「安全距離」時，我拉長鏡頭，輕輕按下快門。

放下相機，再次與面前兩隻貓的目光相遇。四周一片靜謐，幾乎聽得見草的呼吸。我猶如踏進了神秘的國度，前來迎接我的是《貓之報恩》裏貓王國的男爵……

形跡敗露

接近中午，還沒開門的鳥店門口，堆放着一些空鳥籠與雜物，還有一隻貓。

這小可愛梳了個中分頭，企圖把自己隱沒在木製的鳥屋後，露

出檸檬黃的眼睛，偷偷摸摸地望着我，以為我沒發現他。

我實在很想對他說：「哈囉！你的中分頭太搶眼了，而且你整個屁股都暴露在外面啦！」

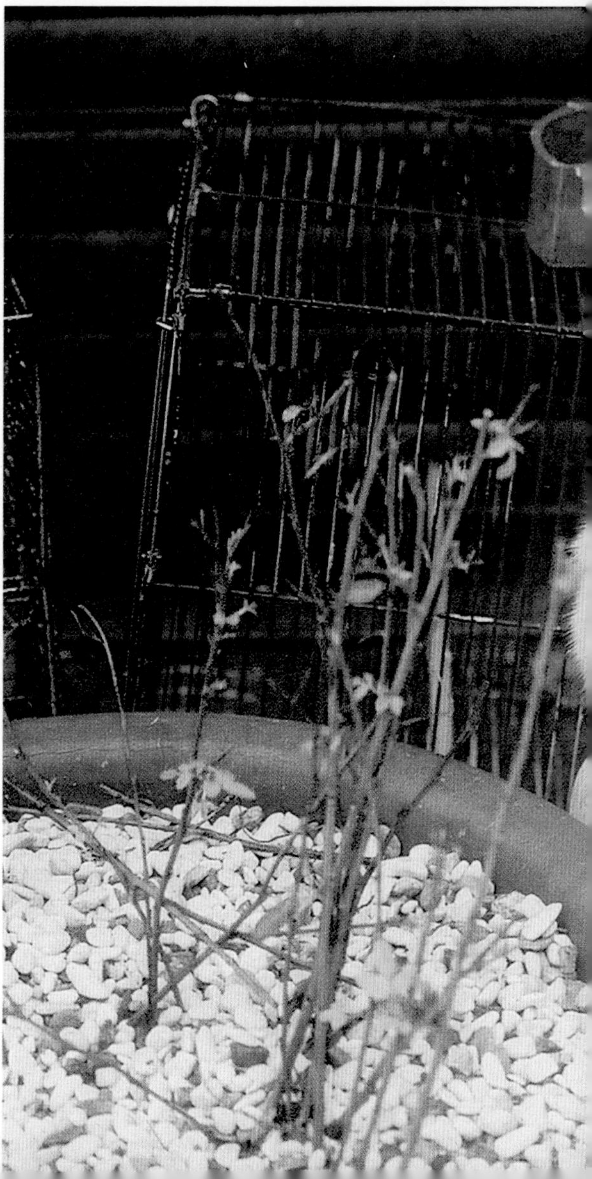

花蔭間看花貓

走入一條小後巷，兩旁種滿了樹，陽光被樹蔭搗碎，散落在陳舊的屋簷上。一隻臉很花的貓躺在上頭，幾乎與斑駁的樹影融為一體。若非留神，甚難發現。四下無人，我沿着路燈爬上圍牆，在樹蔭中用鏡頭與花貓交流。

Chapter

3

貓大哥在看着你

屋頂上的黑白猜

熱氣蒸騰，街上不見貓。

走進「貓咪小道」，直覺告訴我：有東西在暗處。抬頭一瞧，原來是「小貓遊樂園」那隻擁有不同顏色眼珠子的白貓。

我後退幾步想抓好角度，踮起腳伸長脖

子……哇！原來不只一隻貓，屋頂旁的石牆上有好幾隻貓咪在睡午覺啊！

白貓發現了我，結果引來其他貓往我這邊看。一，二，三，四，五，總共有五隻貓！除了白貓，其他都是黑白貓！

這附近不但有濃密的樹蔭遮擋陽光，更有小鳥的啾啾叫聲。一陣挾着熱氣的風吹來，昏昏沉沉的空氣迅速瀰漫四周，貓咪伸個懶腰，打個哈欠，好舒服啊！有人說，哈欠會傳染，我也想跟貓咪一起睡覺……

貓老大

走進熟悉的「貓咪小道」，旁邊房子的屋頂突然跳出每次遇到都逃之夭夭的肥貓，我叫他「貓老大」。為何叫貓老大？因為他長得很壯，一臉橫肉，常常跟其他貓爭吵。我想他在附近肯定來頭不小，是隻有勢力的Boss貓。

貓老大跳上屋頂後，驚覺我站在底下，一臉猶豫：「我該走還是留？」然後緊張地低頭舔毛。等我一轉頭，彼此目光再次交會，貓老大似乎有點慌張，乒乒乓乓地跳過了一個又一個屋頂。

後來好幾次遇見貓老大，都看到幾隻小貓跟在他後頭，看起來是手下的角色，似乎這裏的貓也有階級之分啊。

納涼三色貓

說到三色貓，大概是這裏排名第一多的花色，接下來是白貓，然後是黑白面具貓、橘子貓、黑貓、玳瑁貓……哎呀，太多了，數也數不清。除非體形比較出眾或外表有明顯的特徵，否則很難辨認出誰是誰，得從個性與花色來分辨。

今天比較涼爽，躲在陰暗處的街貓比平常多。屋頂上有隻三色貓舒服地趴着乘涼。恰巧對面放了條梯子，我爬上去拍了幾張照片。

三色貓沒有逃跑，還露出一副悠然自得的神情，就好像說：「這個天氣宜人的午後，任何事情都應該慢下來，我就靜靜地躺着當你的『貓模特』吧。」

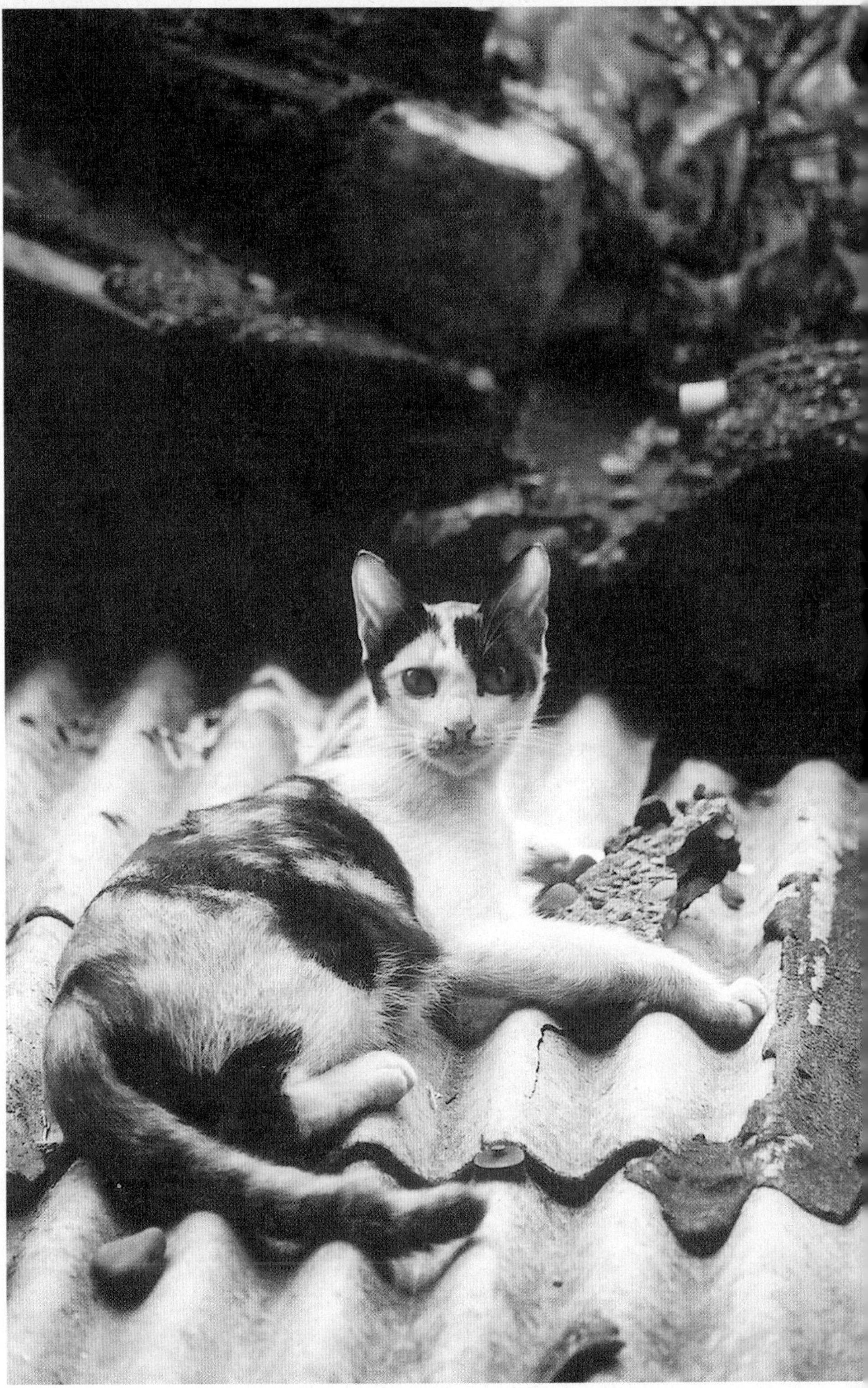

隔着屋頂的黑貓與白貓

這個放滿廢棄輪胎的屋頂，就像個奇妙的遊樂園。輪胎中空的部分可讓貓咪蜷縮着安心睡覺，凹凸不平的橡膠表面，正好給貓咪磨爪子。輪胎不規則地排放，形成高高低低的地勢，不就是貓咪追逐玩耍的好場地嗎？

可是，這半年以來，總看不到貓咪在這個屋頂上出現過。

皇天不負有心人，今天終於讓我遇見貓，雖然有點遠，已叫我雀躍不已。那是一隻右耳長了一撮黑毛的胖白貓。咦！怎麼遠處有個貓影子？原來是一隻黑貓，他正往白貓的方向張望，乍看宛如前面白貓的投影，讓我驀地迷惑了。

屋簷上的貓咪樂章

走在空蕩蕩的小巷子裏，屋簷上一群貓咪在避風。

我在屋簷下望，貓們不約而同露出半張臉呆呆地看着我。

大概太冷了，我們都懶得開

口，也懶得動，就這樣互相對視。

Do~ Re~ Mi~ Fa~ Sol~啊？沒有Sol呢！冷颼颼的寒風，化成一闋由貓咪音符組成的樂章。

倉庫上的面具小貓

這是一條樹蔭濃密的靜謐小徑，一座用木頭搭成的倉庫，外頭堆放着大捆大捆的木柴，彷彿這戶人家仍在用爐灶燒水煮飯似的。

倉庫上方坐着一隻面具貓，小巧可愛得很，正專注地理毛，似乎沒有任何事情能讓他停下來。

我走近一些，面具小貓終於發現了我，好奇的眼神一直沒離開過。連看事物的眼光也那麼專注，真是一隻認真的貓呀。

我很喜歡倉庫後那片綠牆，為了同時把面具小貓與綠牆帶進鏡頭，我蹲了些許馬步。可能我的姿勢太滑稽了，面具小貓看了好一陣子，但仍不忘舔毛。當我按下相機快門時，面具小貓疑惑地抬頭探視。

我說呀，貓咪你就繼續安心理毛吧，不用在意我的，我只是想為你留下一張紀念照。

屋簷上的虎斑小貓

虎斑貓在這附近並不常見。拎着相機晃到公園，發現了一隻虎斑貓睡在屋簷上。貓咪兩邊堆着一包一包像是水泥袋的東西，還有幾塊磚頭，難道是他的枕頭？

我看這畫面很有趣，但角度不好抓，來回打量了幾圈，想找到一個不錯的構圖，結果把貓吵醒了。虎斑貓有些哀怨地看着我，那眼神就好像哀求我讓他好好睡一覺似的。小貓咪，真不好意思啊！

瓦片下的眼睛

以往聚集了很多街貓的「貓咪小道」，現在仍住着面具貓一家、三腳貓，還有其他貓咪。

下午經過鳥店，看到瓦片屋簷上躺着一隻貓，老神

在在的仰起頭，眼睛半眯着，看起來很享受午後的陽光。

剛巧鳥店前方有條梯子，我借來爬上去。貓咪看到我居然不怎麼驚訝，仍舊一派慵懶，既不迴避，也沒打算嚇退我，只是直直的看着我，好像在說：「喂，小子，難得出太陽，一起來日光浴嘛！」

重遇面具小貓

又來到木頭倉庫附近，再次遇上面具小貓。這範圍大概是他的地盤，只是今天他不待在倉庫，而是走到旁邊磚牆上休息。

可能我靠得有點近，面具小貓顯得有些緊張，不如上次偶遇時的悠然自得，始終瞪着圓滾滾的大眼睛。

我喜歡這個空間，有一種古老廢墟的氛圍，瀰漫着野草與木頭的味道，佈滿曾經有過人煙的痕跡，如今卻只剩下貓，還有我。

入侵者

門敞開，卻掛上「謝絕參觀」的牌子，趁工人不注意，我偷偷溜進這個亂兮兮的橡膠工廠。

附近很多街貓毫不畏懼橡膠散發出來的氣味，

聚集在這裏安心休息。

工廠裏堆滿裁切加工後剩下的橡膠廢料，一個一個小山丘似的。甫進門口，好幾隻貓聞聲逃得老遠，乒乒乓乓之聲此起彼落，最後各貓各佔一個「山頭」，靜觀我這個「入侵者」。

Chapter

4

喵星人的睡房

路邊爆睡貓白霸

第一次見識到街貓可以這樣睡翻在人家門前，還睡到露出牙齒來。本來我正要出門，看到這奇觀，二話不說飛奔回家拿相機。

「喀擦！」白霸聽到相機的快門聲，整個彈起來，逃難似的衝到認為安全的位置，回過頭來睡眼惺忪地看着我，一副「你想幹嘛」的

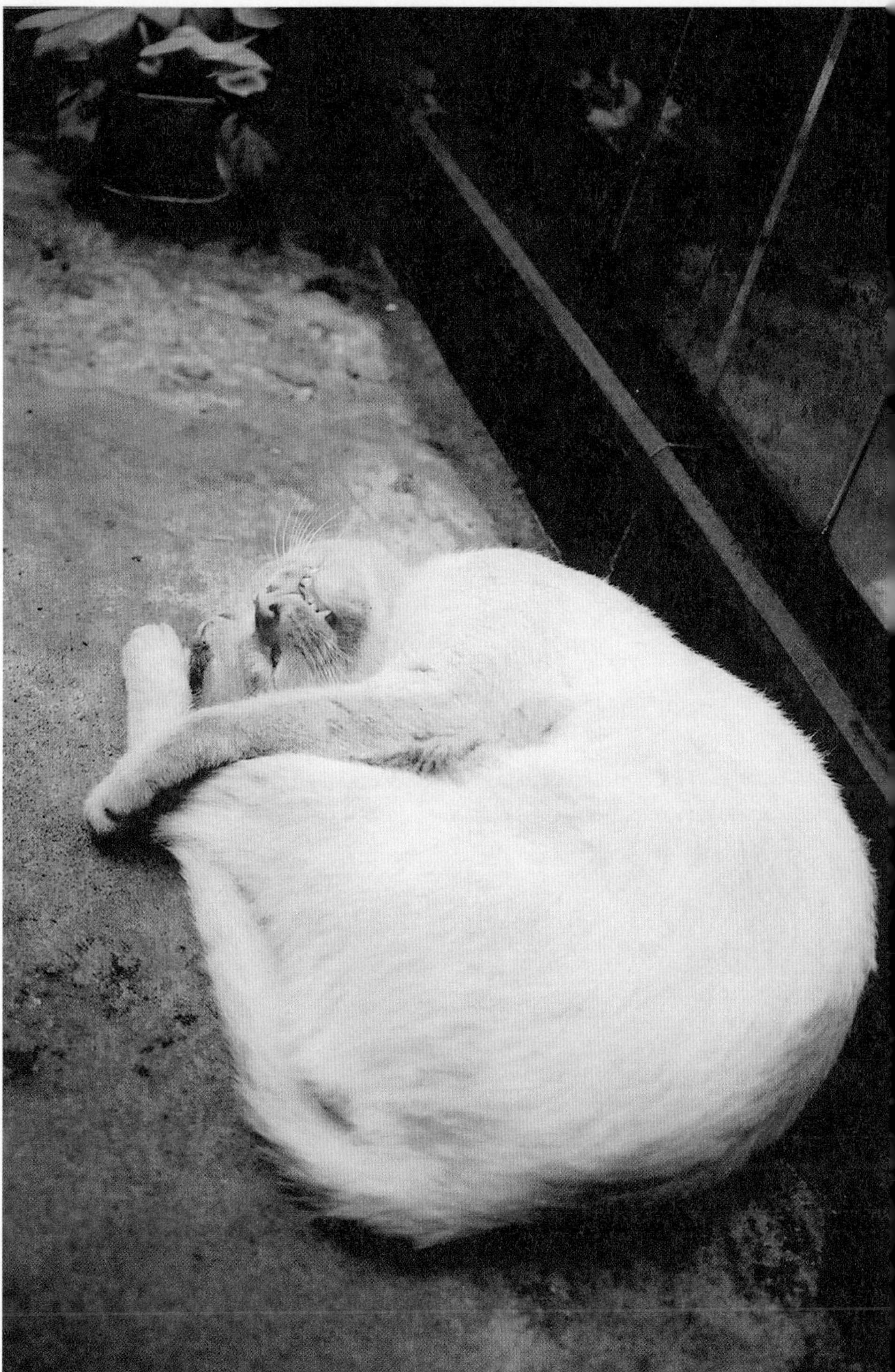

表情，接着伸伸懶腰，再找地方繼續睡。

嘖嘖嘖！白霸你是睡豬啊！

過了幾天，我走到摩托車旁，看到白霸睡在旁邊摩托車的腳踏墊上，睡姿跟上次一模一樣。白霸這次可說是進入昏睡狀態，睡到全身不斷抖動，應該是做夢吧，真是服了他！

看他睡成這樣實在逗趣，忍不住摸他的臉，結果白霸重演上次的逃難模式，再找地方睡大覺！

睡眼惺忪的小黑貓

來到常有貓出沒的小巷子，今天卻出奇的安靜。我揚起嗓子裝出奇怪的叫聲，看看會不會引來好奇的貓。

果然，在廢棄的攤販推車棚子上，有隻小黑貓伸出頭來茫茫

地看着我。「想幹嘛？我不接受推銷！」看起來似乎不太歡迎我啊！

不過黑貓還真有趣，很容易與暗處的背景融合為一，不仔細找還真難發現。黑貓都很漂亮，光潤明亮的黑毛，更突顯烏溜溜的眼睛。你們知道《魔女宅急便》裏的小黑貓吉吉嗎？如果這隻小黑貓像吉吉能與人講話，該有多好！

保麗龍床墊

大概是前陣子下了很久的雨，貓們趁雨停之際，地面稍微乾了，紛紛出來尋找大床，享受露天睡覺的舒爽。

這隻小貓的眼光真好，挑了路旁這個保麗龍盒子，尺寸剛剛好，睡醒了又可以拿來練爪子，下起小雨還能躲進去避雨，真是一張功能多多的好床。

向陽的幸福

不管春、夏、秋、冬，貓咪就是喜歡在太陽下被曬得暖烘烘，呼呼的睡過去。

一個雜草叢生，看似廢棄好些日子的樓房，一隻貓睡在屋頂上，被綠得發亮的葉子包圍着。

微風拂煦，這個時候還有甚麼比睡覺更重要、更幸福？

菜園頂棚上的橘貓

菜園旁一棵小小的木瓜樹，上頭結了好多青澀的、沉甸甸的木瓜，甚有農村風味。

遠遠看到一隻大橘貓，瞇起雙眼在曬日光浴。

不想打擾午睡中的橘貓，我靜悄悄地拉開長鏡頭，拍下他愜意的睡相。

我喜歡凌亂的細樹藤，有種不規則的美，原始的顏色，組合成小巧的棚子，更見可愛，搭配貓咪的幸福睡臉，讓人感到歡愉、恬靜。

花間小美貓

正午的太陽，有點像過於興奮的小孩在大地上跳舞，炙熱非常。

對於貓這種夜行性動物來說，這時間正好睡懶覺。

草叢間莫名其妙的放着一個大玻

璃瓶，被太陽照得閃閃發亮。小貓倚靠着玻璃瓶，四周盡是綠油油的野草和鮮嫩的小花兒，小貓慵懶的神態，是不是有點像古代仕女圖裏的美人？

大夥兒的花草床

雨終於停了，貓咪不用躲在車底睡覺，可以躺在柔軟的草上休息，還有雨後飄來的陣陣花草香。

我慢慢靠近，貓咪正在酣睡，完全沒有防備。微涼的風，伴着追逐蝴蝶（小鳥？）的夢……

附近人很少，偶爾有下課的小學生走過，也有外出購物的老太太經過，他們看到貓咪睡覺，都很有默契地保持安靜。反而是我不小心踩到枯枝，貓咪立刻抬起小腦袋瓜，卻仍是一副睡眼惺忪的模樣。

都說貓咪是瑜伽高手，來個弓背毫無難度。以為他們要起床了，原來只是換個姿勢，繼續睡覺。

難得的豔陽午後，在輕柔的風和小草的撫摸下，沒有甚麼比睡在這花草床上更舒服了。

貓司機

這隻橘色虎斑貓，抱着頭大剌剌睡在路邊的帆布上，如此睡相，我稱之為「抱頭痛睡」，是所有貓咪喜歡採用的睡姿之一。

貓咪旁邊停了一輛卡車，這

樣看起來，還真像吃過午飯要午睡的司機大哥，因為太睏了，忍不住把車停在路邊就這樣睡起來。

雖然睡得痛快，貓的警戒心還是很強的，聽到相機「喀擦」一聲，立刻跳起來飛奔而去。讓貓咪嚇了這麼大一跳，真的很抱歉呢！

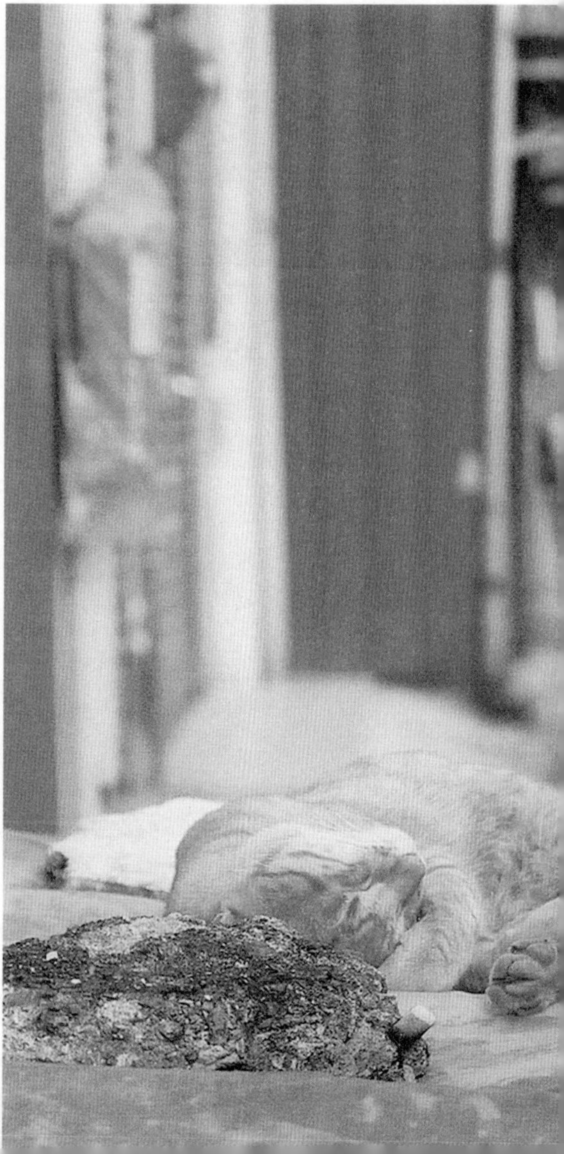

瑞士捲貓

在「貓咪小道」上的鳥店前，突然有甚麼東西吸引我的注意，湊近瞧一瞧，原來盆栽裏有隻貓蜷作一團，不仔細看還真沒留意到是隻貓呢！

剛好盆邊寫上了「100」，就

像替貓咪的睡姿打分數似的。連拍兩張照片都沒把貓吵醒，看來是個非常好睡的姿勢啊！

看貓蜷縮在盆裏，總覺得跟甚麼很像……對了！是我小時候最愛吃的瑞士捲蛋糕！哈！這貓咪的顏色恰好是白色混一點點棕色，不就更像了嗎！大家覺得呢？

Chapter

5

和陽光玩遊戲

木瓜樹蔭下的胖胖貓

難得有陽光，許多貓咪跳上圍牆曬太陽。其中一隻長得胖胖的虎斑貓，原本蹲在牆上看着遠方發呆，可能在看天上的雲？或者是小鳥？後來發現我在拍他，睜着圓溜溜的大眼盯着我。

這天陽光豔得讓我的眼睛瞇成小小一條線，走在磚屋下，圍牆後長着一棵木瓜樹，看起來是貓咪的專屬太陽傘。

貓都喜歡曬太陽，烤到毛髮發燙，還是能睡得香甜，真是愜意的貓生啊！真希望這種宜貓宜人的好天氣不要跑太快，這樣貓咪便可曬曬太陽、散散步，我們也才能出來相遇。

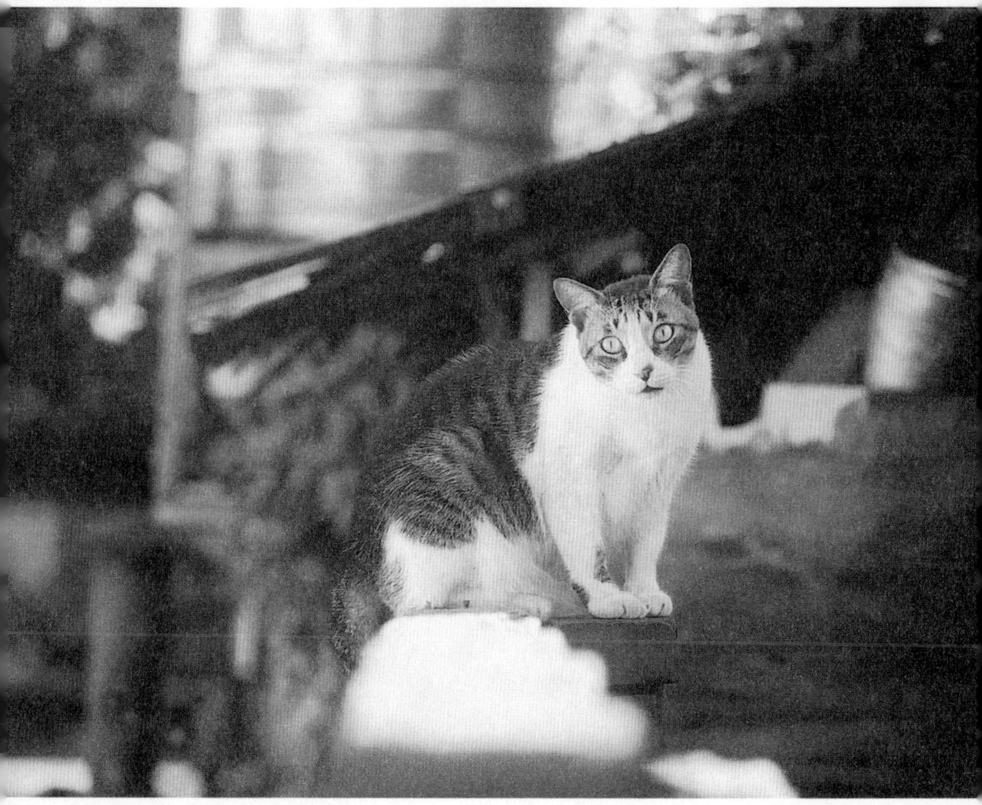

沒擦防曬油

這把年紀要爬上屋頂實在有點吃力，不過爬上圍牆還是在能力範圍內辦到的事。

啊，天氣真不錯啊，曬曬太陽，發發呆，看看遠方的白雲，還有樹上的小鳥……

只是啊，別忘了擦防曬油，否則就像我一樣黑了。

閃閃發亮的虎斑貓媽媽

自上次遇見虎斑貓一家後，一直惦記着那幾隻幼貓，今天又來到了綠色停車場，但只看到貓媽媽獨自在曬太陽。

貓媽媽極度怕生，我稍微接近，她就迅速躲到車底。我只好裝成路人甲，一臉不在意，其實一直偷瞄她。

等了一會兒，貓媽媽從車底慢慢走出來，環視四周，然後一屁股坐在空地上開始整理毛髮，又是舔，又是擦，非常專注。

我實在不忍心打擾她，但又很想把陽光下閃閃發亮的貓媽媽的美麗神態拍下來，我慢慢走到巷子口，整個人躺在地上，拉長鏡頭。要記錄動人一刻真是不容易啊！

貓媽媽害羞又帶點嚴肅的表情，猶如一隻小老虎。有人說過，貓是屬於黑暗的，有種迷人的神秘感，但誰能否定在光線之下的貓同樣引人注目呢？

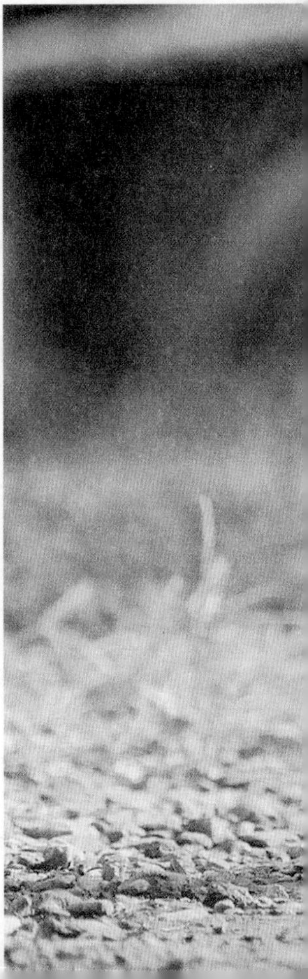

雜貨店店貓

說到雜貨店，真是孩提時代的記憶。今天這種老舊的、家族經營的小雜貨店真不多見了，似乎要鑽到偏僻地區才能看到。

這種雜貨店總是有種難以言喻的魅力，除了愈來愈少見，店裏獨有的

人情味與悠然自得的店貓，正是魅力所在。

雜貨店裏有貓非常多見，像這家店，門口掛滿各式各樣的糖果，桌上放着盛滿零嘴的瓶瓶罐罐，店貓安靜地待在門口，守護着小店。在陽光下，猶如時光倒流的場景。

店雖然小，珍貴的東西卻非常多。

我和貓咪有個約會

這個鄰里的居民，喜歡在自家門前的空地種點花草蔬菜，使得巷弄瀰漫着一絲絲鄉村的味道。貓喜歡嗅草香，這小小的菜園，無疑是個美妙的空間，可以一邊曬太陽，一邊呼吸自然的氣息。

就像悠閒的下午，人們愛坐在露天咖啡座，一邊啜飲香濃的咖啡，一邊感受太陽暖烘烘的味道。

一連下了好幾天陰雨，今天終於放晴。好不容易等到雨停，迫不及待抓起相機往外跑。

這像是一種宿命，或說是一場約定。我與貓的約會，在一個轉角，或一塊草地，也許，是個可愛的小菜園。

親愛的街貓，我跟你們約定在這兒碰頭。

發光體

有個電玩遊戲的玩法是這樣的，主人翁要去抓到處亂跑或躲起來的小猴子，遊戲中會得到一個能探測小猴子位置的「猴子雷達」。

我多想有一個「貓咪雷達」，讓我輕易找到附近街貓的蹤跡，隨時隨地來個閃電約會。

今天我來到小菜園旁一塊空地，陽光正好，很多貓咪或蹲或躺，或坐或趴，統統在享受太陽的恩惠。

其中一隻有雙小白手的黑貓，整個身軀貼在地上，小小的腦袋瓜微微抬起，有點害羞地看着我。和煦的陽光灑在貓咪油亮亮的黑毛上，就像個發光體。

其實街貓並不要求甚麼，只想靜靜地享受溫暖的陽光與平靜的生活。

畫架上的小橘貓

在這片空地上，堆放着不少奇怪的東西，包括一個畫架，還有幾根木頭疊在上面，正好給小橘貓靠着休息，順便練練爪子。

小橘貓一副閒適模樣，凝視某個方向，旁邊幾棵木瓜樹，陽光灑

落卻不刺眼，也不會曬得頭痛，這小橘貓還真會挑地方。

我幻想畫架上擱着一塊大畫布，畫家正搜索枯腸，想把橘貓被陽光照得發亮的毛畫得栩栩如生。

一切彷彿靜止不動，只有小橘貓的尾巴一直晃呀晃呀，還有陽光的位置慢慢移動，慢慢移動。

與王子殿下賞花

小花圃裏還有另一隻小橘貓，長得一副王族的姿態，端坐在耀眼的光線之下。

嫣紅姹紫開遍，空氣中洋溢着新生命的芳香。小橘貓坐在木條鋪成的小道上，一動不動，

用意念與我交談……

「花開得真美！」

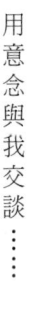

「可不是嗎！王子殿下，您看，下了好久的雨，能出來透透氣真是舒爽呢！」

「就是呀，小扣子。」

好吧，這會兒我是個隨從了是吧！

Chapter

6

街角的天使

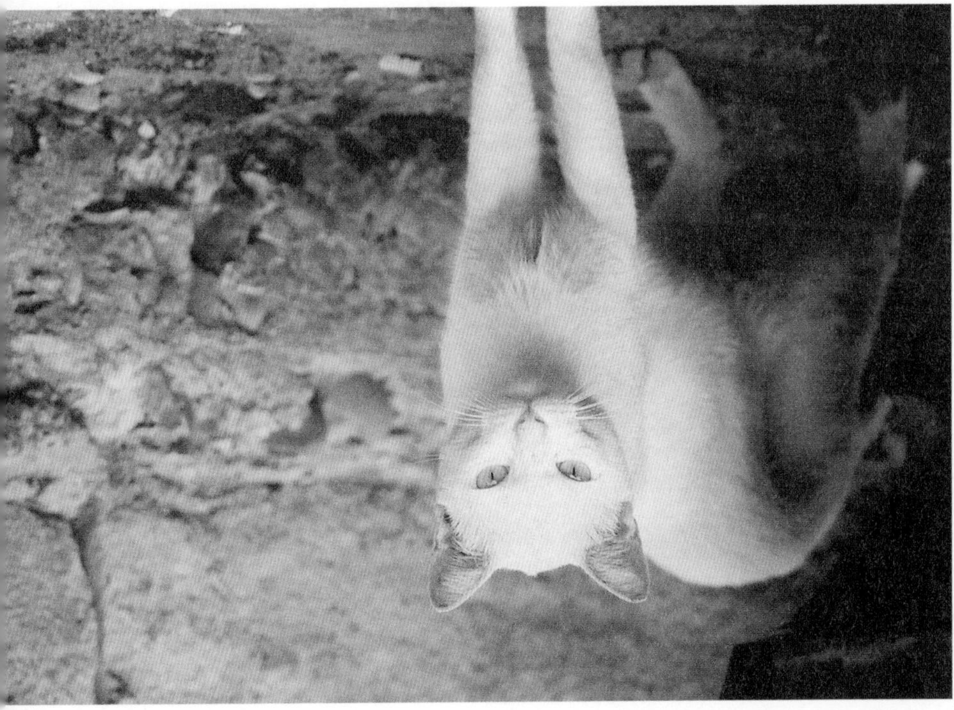

氣質美貓

離開小公園往回走，在車棚遇見一隻淺棕色的藍眼美貓，正在專注地聞地上的花草。我躡手躡腳地靠近，才舉起相機，他已一溜煙躲到車後。我只好離開。

走到一半還是耿耿於懷，如此漂亮的貓，無論如何都想拍到啊！再回到車棚，看見美貓又出來散步。正想舉起相機，他又一溜煙跑走了。

這次我繞路從另一頭去找。美貓坐在某戶人家門前嗅着盆栽裏的花香，接着緩緩地向前走，我趁他不注意時拍了照片。大概逐漸適應了我的存在，美貓繼續優雅地散步。看他戴着頸圈，猜想是有人飼養的貓。

後來在車庫再次遇見這隻美貓，他翹高了腳專心地舔肚毛。我拍下他的那一刻，他正好抬頭盯着我，那個動作就像舉手說「在！」，真的很有趣。

愛撒嬌的三腳貓

叫他三腳貓，不是因為他很遜，或者做事馬虎，而是他的右後腳不知道甚麼原因斷掉了。

三腳貓走路一跛一跛的，有點怕陌生人，但他在附近該混很久了，連鳥店旁看門的大狗跟他也很熟，可見是一隻相當有地位的貓。

三腳貓每次看到我必定會跑掉，今天竟然對我撒嬌。睡在破舊房子庭院裏又是叫又是滾，還嗚咪嗚咪地喚我，翻來翻去毫不怕生，難道是發情？

愛發呆的黑白面具貓

前方迎來一隻黑白面具貓，朝雜貨店方向而去的婆婆從面具貓身旁走過，彼此沒有理會對方，繼續往自己想去的方向走。

面具貓慢慢向我這邊前進，走到一個點突然停下來，直勾勾地盯着某個方位。那表情猶如自言自語：「就是這裏了。」然後坐下來一動不動。

面具貓的神情愈來愈放鬆，就像點了杯咖啡坐在露天座的客人，盡情享受路邊的陽光，沉浸於悠閒的氛圍。

「天很藍，雲很白，電線杆上的麻雀很有趣，屋頂上的花貓不好惹，對面的人在拍甚麼照片啊？」我似乎聽到了面具貓喃喃自語。

街貓畢竟對人充滿戒心，在這條人來人往的小路上，面具貓的悠閒維持不了多久，就轉到某戶人家門口坐下來。門邊雜物很多，沒人來打擾，可以繼續發呆……

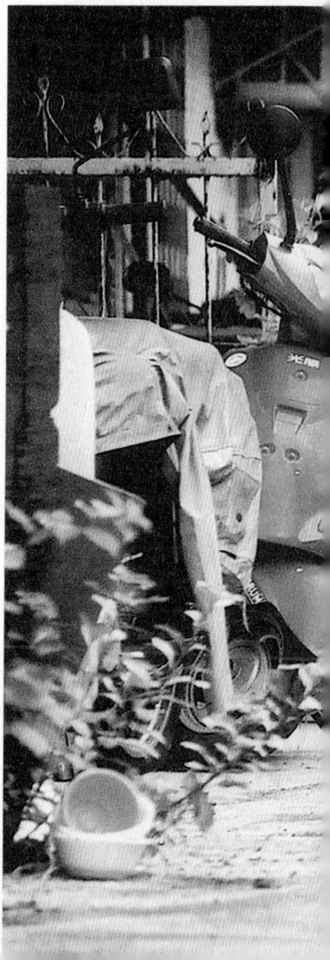

悠然自得的盲眼老貓

看到一隻跟氣質美貓長得很像的老貓。但他的毛色淡一些，身材胖一些，該有點年紀了，兩隻眼睛已經瞎掉。貓咪雖然盲眼，但看他優游自在地走來走去，行動起來與正常的貓沒兩樣，估計他非常熟悉這個環境。

盲眼老貓與氣質美貓在同一個勢力範圍，互相認識，關係似乎不錯。貓咪能在信任的地方生活，又有朋友，應該感到自在。看盲眼老貓靜靜地坐在廢棄的房舍前，這畫面頗讓我感動，於是為他拍了一張在陽光底下感受好天氣的照片。

貓咪試鏡會

轉角的路口正在舉辦貓咪試鏡會，聚集了各方懷抱着明星夢的街貓。

先來的是純情灰白貓，他蹲在路邊，一臉誠懇，拍完照還關心地問：「我可以演出瓊瑤式的愛情偶像劇嗎？」我回答他：「現在流行韓劇，瓊瑤式的愛情連續劇早就落伍了。」

接下來是黑白面具貓。他用浪人般的姿態與神情入鏡，一臉決不放過路邊小老鼠的嚴肅表情和擠眼翹鬍的冷酷臉容。面具貓偷偷告訴我，他最崇拜《教父》馬龍・白蘭度。沒想到貓界也有這樣的狠角色，如果拍一部貓版《這個殺手不太冷》，里昂一角由他來演應該很適合。

然後來了一隻長得憨厚的斑點小貓，傻傻地看着鏡頭，搞不清楚大家在做甚麼。我告訴他正在舉行試鏡會，又問他會演甚麼。「我會把毛弄亂再舔乾淨。」「……」如果這小貓再肥一點，乳牛這角色就非他莫屬了。

大雜花臉貓

這天下午，堤防邊的廢棄破屋異常熱鬧，與平日的冷清真有天壤之別，只因出現了一大票貓兒。

臉很臭的大雜花臉貓、三花貓、有點怕人的棕色虎斑肥貓、長着一副諧星臉孔的白身灰尾貓、像從卡通漫畫裏走出來的橘白肥貓、喜歡被摸的小橘貓，還有總是在一旁看着大夥兒卻從不加入的酷臉貓。貓咪的下午茶聚會真是空前盛況！

其中的大雜花臉貓引起了我的注意。他常常在附近出現，永遠擺出一張臭臉，喜歡睡在破屋裏一輛藍色破車上。看他站在破屋前的英姿，真是帥呆了！花碌碌的臉實在醜得很酷！（咦？這句話有矛盾啊？）

大雜花臉貓總是帶着一隻害羞三花貓，應該是給大雜花臉貓罩的。雖然知道我在，三花貓仍躲在大雜花臉貓背後待命。只要我動作比較大，大雜花臉貓便立刻掩護三花貓，讓他先閃。好一對難兄難弟啊！

撒嬌奶油貓

在我住的地方樓下，有人定時餵養一家街貓，可能餵了一段日子了，貓咪變得不太怕人，其中一隻長得像團奶油的貓很喜歡撒嬌。

這天，奶油貓穿過破木牆，探出頭來向我喵喵叫，我蹲下來陪他玩。我要走了，奶油貓還一路跟着我，嬌聲嬌氣地叫，又到處磨蹭，可惜我身上沒帶甚麼吃的，看他這麼親人，真有點心疼。

貓咪，下次我會記得帶些吃的來找你！

黑騎士

黑貓總是有種莫名的吸引力，靜止不動時，眼睛更像有魔力似的。

蹲在幽靜後巷裏的黑貓，身後壞掉的攤販車，旁邊放着一台破舊不堪的摩托車，彷

佛這裏就是他的地盤。

黑貓的眼睛一閃一閃，尾巴有節奏地晃動，是在暗示甚麼嗎？難道責怪我這個不知好歹的闖入者？

地上青苔暈開來的綠與藍，猶如從黑貓身上滲出的色彩。我好像看到一個穿黑皮衣的騎士。我，真的闖進了他的地盤了。

三八痣貓咪

跟三八痣貓咪相遇的過程，讓我難忘。

話說某天經過一個有圍欄圈起來的花圃，看到一隻白貓的背影，在他前面有一隻狗，彼此互相對視，有種隨時會打架的氣氛。

我在貓的身後拿起相機，這時候狗的主人來了，似乎不想有人拍他的狗，於是把狗牽走了。貓咪轉過頭來，我差點沒笑倒！他的嘴邊長了一顆三八痣，右眼上還有一撇黑色花紋，看起來就像視覺系樂團的化妝！

別以為三八痣貓咪很兇啊，其實他親人得很，總是興奮得倒在地上打滾撒嬌。我伸手摸他的小腦袋瓜，他一舒服就在欄杆上磨蹭來磨蹭去，真是「貓不可以貌相」啊！

隔了一天，又在同樣的位置遇見三八痣貓咪。接近正午的陽光非常耀眼，三八痣貓咪獨自躺在花圃前納

涼。我靠近他一些，他就熱情地小跑到我腳邊一面喵喵叫一面磨蹭，還在地上滾來滾去示好。

滾到累了，三八痣貓咪轉身離開，先是一路在牆壁下再次滾來滾去，嗚嗚喵喵地叫着，接着走到游泳池邊躺下來，搖着尾巴曬太陽。

好愜意的貓生啊。街貓能在熟稔的區域裏怡然自得地生活，旁人看到也覺得幸福。

好奇的瀏海貓寶寶

巷子裏突然傳來狗叫聲，我回頭一看，一隻橘貓從巷子那頭衝過去，接着一隻黑白小貓也衝過去。不曉得他們倆幹了甚麼勾當被抓包，我好奇地循着他們逃跑的路線去看看。

橘貓怕人極了，飛快躲進倉庫裏，而這隻留着瀏海的黑白小貓卻目不轉睛地看着我。

看他年紀還小，應該愛玩躲貓貓，我故意大動作轉身，佯裝提腿逃跑，豎起耳朵聽小貓的動靜。

過了一會兒，響起了窸窸窣窣的聲音。我慢慢轉身，小貓正瞪眼歪着身子偷看我，那模樣太逗趣了！我模仿他的動作，同樣歪着身子看他，小貓更好奇了，真好玩！

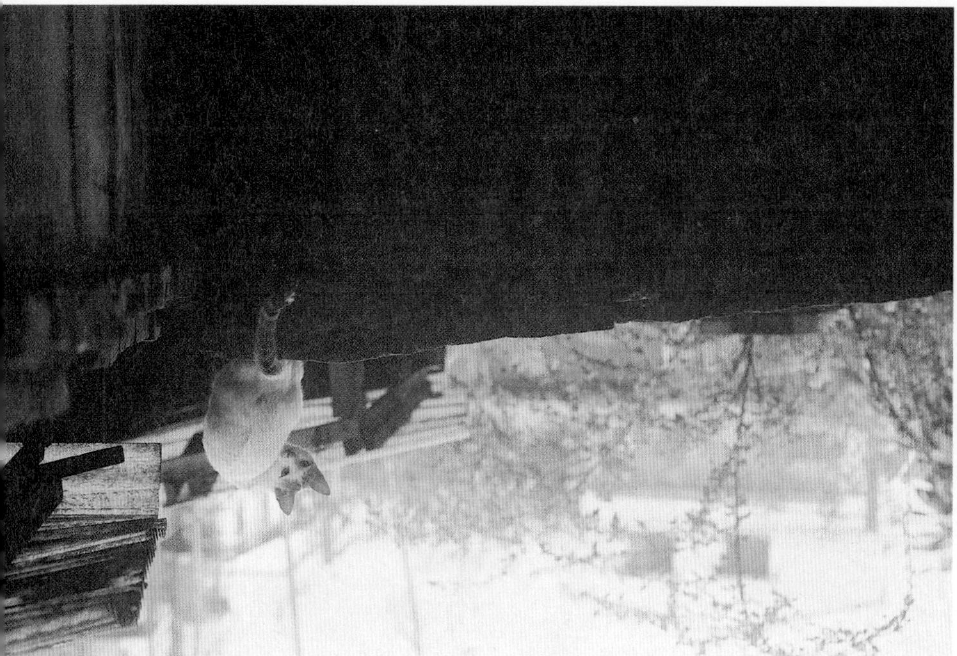

和街貓相處的時間是靜止的

寧靜的上午，我來到菜園旁，遇到這隻優雅的藍眼貓咪，附近廟裏的人一直在照顧他。

大概時間還早吧，廟的鐵門深鎖着，我以為貓咪住在廟裏，沒想到他在外面。優雅的藍眼貓靜靜地坐在鐵門外，望着前方。平常他見到我會躲起來，今天卻出奇地平靜，稍微看了我一眼後繼續凝望遠方。

我陪他坐在台階上，覺得一切都靜止了，時間彷彿停了下來，只有風在流動，天上的雲緩緩地飄過，灑在地上的陽光時明時暗，早朝的空氣混雜了一點草香的味道。

陪着貓咪，時間就這樣靜止了。時間被吸入他那高雅的透着些許憂鬱的藍灰色眼眸，四周變得異常靜謐。就算我擋住他的視線，他也不為所動。

這莫非是一種儀式？就像虔誠的信徒，靜靜地望向遠方祈禱。

街貓多麼希望有個家

前陣子看日本的寵物節目提到意大利的佛羅倫斯，當地人熱心幫助街貓，在路上設置很多看起來像膠囊的貓屋。節目主持人說，這個城市禁止車輛進入，所以變成貓咪的絕佳休息場所。公園有婦人餵街貓吃飯，小孩幫忙在貓屋放報紙和毛巾，避免下雨時街貓淋濕生病。主持人訪問小孩，他們靦腆地笑說，想一輩子當照顧貓兒的義工。

真是讓人感到窩心的志願啊！

美麗的街景，可愛的街貓，交通往來都是用船的佛羅倫斯，如此浪漫的城市，真希望有一天能去走走看看。

回想起來，在街頭拍貓那麼久，曾被不少人用不以為然的態度回應，他們大多數會先問：「你在拍甚麼啊？」當我回答拍貓後，部分人總是不解且不屑地說：「你犯傻了？拍貓有甚麼用？」有時候也會看到小孩三五成群追着貓咪，有的甚至拿石子丟向小狗小貓……

貓與狗跟我們一樣生活在這片土地上，同樣渴望過安穩的日子，請大家尊重他們，像佛羅倫斯的人，好嗎？我衷心期盼着。

後記

與貓咪一同分享這個世界

在此感激每一位從頭讀到這篇後記的讀者，與我一起進入貓咪的世界。我要感謝促使這本書在香港出版的張艷玲小姐，沒有她努力催生，《貓步尋蹤》就無法與各位讀者見面。同時要感謝設計師吳丹娜小姐為這本貓書付出的一切。接着要感謝香港三聯出版社的重視，自傑出的香港街貓攝影家葉漢華先生於香港三聯出版《街貓》以來，更多香港朋友關注街貓生活這個議題，這如同當年台灣萌芽成長的動保觀念時期，香港朋友的動保意識開始覺醒了。藉由出版文化圈的力量，我想我們會為這些生命不斷思索，我們能為街貓做些甚麼呢？

一頓飽餐？一場不被打擾的午睡？一條沒有危險的街道？不會被人類討厭甚至驅趕的命運？

我的力量是有限的，但我從不放棄自己能做到的可能性，包括藉由我的照片與文字，從一個點變成一條線，由線鋪成一個面，再編成一個網，將這股動保的力量加以延伸，將動保的想法深植人心。書裏每隻貓咪的生命其實都很微小，大概只能活三年五年，可是藉由如此的拍攝、記錄與出版，街貓的生命意義就會被擴大，會被更多人看見，進而讓民眾去關懷出現在身邊的街頭生命。

從二〇〇四年《貓咪出來玩》於台灣出版，到二〇〇九年在日本出版日文版，如今二〇一五年於香港出版《貓步尋蹤》，在十年間一直受到大家的支持，真是我的榮幸。我想把這份喜悅獻給在街頭上勇敢活下去的生命，不論貓、狗或人。生命美好的形式就是勇敢求存，我所喜愛的街貓正是用自己的生活哲學與人類共存。

我們人類有着與萬物不同的能力與智慧，更要努力學習和思考怎麼做才能讓每個物種都如我們活得有尊嚴，活得幸福。這是人類永遠的人生課題，也是人類永遠該努力追求的目標。

謹以本書，寄望每位給我掌聲或批判的朋友，未來請繼續為街貓發聲，與貓咪一起生活、一起分享這個世界，謝謝大家！

貓中途二三事

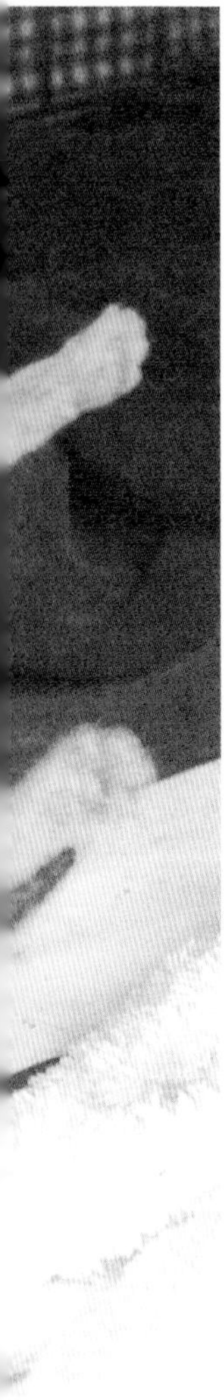

懷念親愛的小白

因為遇到了小白，我才能進入屬於貓咪的幸福國度，我才能深刻地體會到貓咪總是可以找到屬於自己的幸福，不管他們是家貓還是街貓。

在養小白小孩那段日子裏發生了很多事情，包括可怕的 SARS 肆虐全台，沒想到連貓咪的世界也受到超級感冒病毒危害，家裏和外面的貓都生病了。摩比和小小三先後被送養，小白因此開始不信任我，連夜偷偷帶走黑鼻和黑面，這使我非常難過，連日大雨更令我擔心小白和小貓頂不住。直到某個半夜，我聽到外面有聲響，跑出去看到全身被淋濕的小白回到陽台了，還帶着黑鼻和黑面。

可是，在我搬走前都沒有出現領養小白的人，而小白的小孩已全部找到新主人了。可能小白是隻成貓，比較難送養吧。雖然不捨，我也只能讓小白回到原來的地方。搬到新家後，我曾回去舊居幾次，卻沒有看到小白……

小白真的很乖，她總是用她的手保護小貓睡覺，因為她非常信任我，就算我把她的孩子抱走，她也沒有生氣。小貓在她的懷裏吸吮奶水，她半合起眼睛的幸福模樣，只能成為我永遠難忘的記憶。

3.
4.

3.
小小三的毛色與第一代「小貓馬戲團」的小三很像，因此名為小小三。領養了小三的朋友一看到小小三就很興奮，第一個報名說要領養她。

4.
摩比是唯一的橘色虎斑貓，因為跟其他三隻小貓的花色不同而有點被孤立，有時候大夥兒在小白懷裏吃奶，摩比都獨自在旁邊。

1.
2.

1.
黑面非常活潑，淘氣的她是第一隻想從窩裏爬出來的貓寶寶。

2.
黑鼻外表憨厚，鼻頭有一圈黑色花紋，因此名為黑鼻。他與黑面出雙入對，所以取名時同用「黑」字。

2. 3.
4. 5.

2. 3. 4. 5.
小貓的玩樂時間。

1.
吃飽的小貓跟小白打鬧起來，
小貓還不敢到籠外，一直待在
媽媽身邊。

2. 3.
4. 5.
6.

2. 3. 4. 5.
小白的四個小孩，左上是黑面，右上是黑鼻，左下是小小三，右下是摩比。

6.
餵奶時間到了，摩比總是被排擠在外，小白會把他帶到奶前面。

1.
小貓漸漸長大，加上陽台還有其他貓進來，所以把小白一家改放到籠子裏。

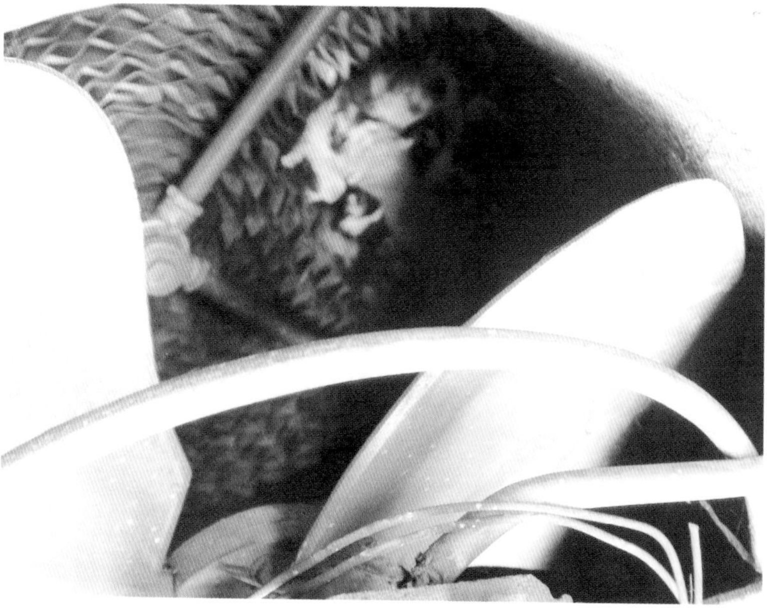

一個人佇在風雨中思前想後，最終決定把小白和幾隻小貓帶回家，但要先回家預備好貓窩。我戴起手套，找來紙箱、毛巾、舊衣物，在陽台上做了一個溫暖的窩。依然滂沱大雨，我又回到防火巷，小白依舊望着我不停地叫。側邊的圓孔很小，只能伸一隻手進去。因為看不見，我只好憑感覺去摸索。我不小心把小貓掉在洞口，小白便立刻伸出頭來把小貓銜回去。我一邊跟小白做拉鋸戰，一邊好不容易把小貓一隻一隻抓出來。最後是小白，她那麼大一隻貓，又不太願意離開，帶她走真有點難。我幾度拖她出洞口，她又縮回去。小白應該是擔心我把小貓帶走，所以偶爾伸出頭來對我哀號，就像跟我說：「還我啦，那是我的小孩」。我對着她大喊：「走吧，雨那麼大，先去我那邊避雨吧！」再把她從洞口拖出來，終於成功把全身濕透的小白和四隻小貓塞進籠子。

家裏已經準備好非常舒適的貓窩，我把小白和小貓放進去。小白很熟悉這個陽台，一點都不怕。當務之急是先給小白進補，我拿來上好的飼料，小白吃完後，小貓都搶着吸吮小白的奶。

小白很信任我們，願意留在陽台。過了半個多月，小貓不但張開了眼睛，而且活蹦亂跳。小貓還沒斷奶前，小白寸步不離照顧小貓。這場大雨下了將近一個禮拜，我很慶幸當時決定帶走小白一家。我希望溫馴的小白能找到喜愛她並願意照顧她的主人，為她的流浪生活畫下句號，這是我搬離這裏前想完成的一件事。小白是少數願意親人信人的街貓，也是因為她，我才有動力到戶外去拍攝街貓。

是半透明的粉紅色。如果硬把小貓帶回家，小貓沒有貓媽媽照顧很容易夭折。我決定靜觀其變，先讓小貓待在小白身邊慢慢長大，等幾周後小貓張開眼睛再算。

我仍很擔心小貓的安全，於是再去巷子看看。在空調機裏，小白陪着小貓，睜着圓溜溜的眼睛看我。我深怕她以為我是陌生人，隱藏地點被發現會立刻搬走，於是叫了一聲小白，幸好她跟平常一樣溫柔地回應我，並沒有因為保護小貓而生氣，不然正常來說，街貓的窩若被發現，加上有出生不久的貓寶寶，貓媽媽會拚命保護小貓，甚至立刻離開原地。小白似乎很高興，一副「看我的小孩多健康」的幸福表情，我真有一種去產房探望剛出生的寶寶和他們媽媽的感覺。

白天炎熱非常，到了晚上卻下起噼哩啪啦的大雨。夜愈深，我愈擔心。那個大型空調雖然看起來相當舒適，可是頂上沒有遮蔽物，貓咪很可能被淋濕。

天亮後，雨還是下個不停，天氣報道說這場豪雨會持續一個禮拜。小貓剛出生，還得了？淋濕了一定會生病，不過我最擔心的是小白會轉移藏身之所，這樣我就更難找到貓兒了。這麼一想，腦海一片空白，但還是抓起雨傘朝防火巷走……

到了防火巷，看到小白抱着三隻小貓，全都被淋濕了，還有一隻小貓在旁邊喵喵叫，也全濕了。小白無助地看着我，我站在雨中思考該怎麼辦：這個空調機上頭有個大開口，有一座風扇，雨水不斷地落在開口，側邊有個圓孔，是小白進出的門……如果能找到木板之類遮住開口，貓咪就不會淋到雨了。於是到處去找大木片，還真的被我找到了！放上去後卻又擔心風一吹板子就飛走了……拿塊石頭壓住可能有用，但萬一石頭掉下去砸到小貓就更麻煩了……

6

搬家前的驚喜

五月初夏，太陽以原子彈爆發似的熱氣侵蝕地表。為了尋找小白的生產地點，我鑽遍了附近的暗巷，懷着碰運氣的心情，躡手躡腳來到防火巷。我猜小白可能把她那窩小貓生在之前於颱風天發現三隻小貓的地點。防火巷裏住着花菊和她的一窩小貓，一進去就聽到花菊發出「嘶嘶」的警告聲。避開了花菊一家子貓咪，我繼續往裏面去尋找小白。

來到發現颱風天小貓的那個大型廢棄空調前，探頭一看，陰暗的洞裏有四隻小貓抱在一起呼呼大睡，是小白的孩子！真是「皇天不負尋貓人」啊！小貓出生大概一周，眼睛還沒張開，四隻小腳還

1. 2.
3.
4.

1.
Puma 洗澡時很乖，不吵也不鬧，大概太小所以不懂反抗吧。

2.
洗好澡想幫 Puma 拍照片留念，把他放在掃描器上，因為太高而嚇到他不停地喵喵叫。

3.
Puma 終於安靜下來。小貓還不懂得收爪子，指甲伸得很長。

4.
Puma 跟九妹一樣是虎斑貓，但他看起來比較憨厚。

Puma

Puma 是我一位朋友的同學在學校裏撿到的小虎斑貓咪，同樣是家裏沒辦法照顧而帶到我家來。我幫忙照顧 Puma 好一陣子後，那位同學就把他帶回去養了。

Puma 是一隻很乖的小貓，有點小固執。不過那時候他太小，長大以後可能就不同了。

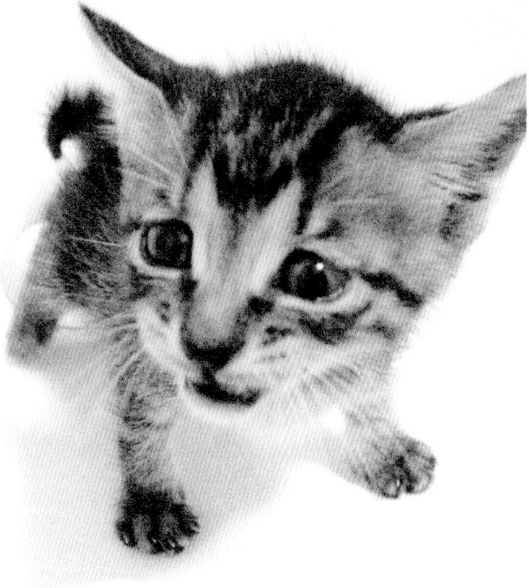

8. 9.
10. 11.
12.

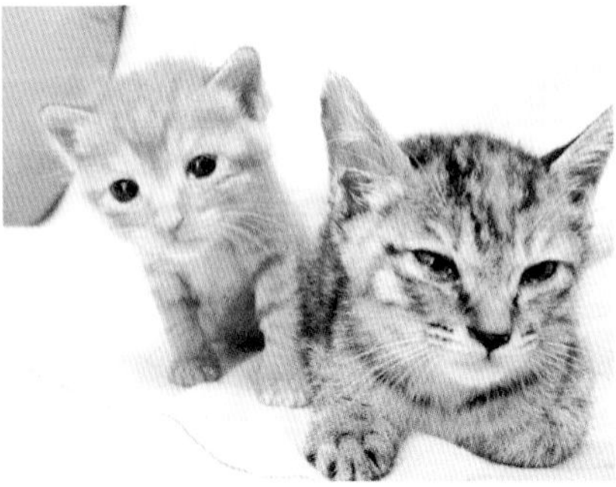

8.
剛到家的九妹在泡澡，好舒服。
9.
正值搬家前夕，家裏到處都是紙箱，
正好給九妹午睡。
10.
九妹有一雙綠眼珠子，長得非常標
緻，連路易都垂涎她的美色。
11.
路易與九妹情深對望。
12.
Toro 最愛依偎着九妹。

1. 2.
3. 4.
5. 6. 7.

1.
Toro 入室後洗澡的模樣很像外星怪客，不過她的個性很好，沒有太大的反抗。
2.
餵 Toro 吃奶時，路易疑惑地看着。
3.
對 Toro 來説，這個世界充滿樂趣，看她搖搖晃晃地走路，小尾巴像雷達一樣高高舉起，就知道她對一切是感到多麼的好奇。
4.
Toro 睡在撿到她的朋友身上，令人不捨。
5. 6. 7.
Toro 精力旺盛，表情特多，來訪的朋友不管男女老幼都很喜歡她。

5

寄養小貓

Toro 和 九妹

小橘貓 Toro 是朋友在路上撿到的，不知道為甚麼跟貓媽媽走失了，朋友看到她時獨自在路上哀號。朋友無法照顧，於是請我幫忙並替小貓找領養者。

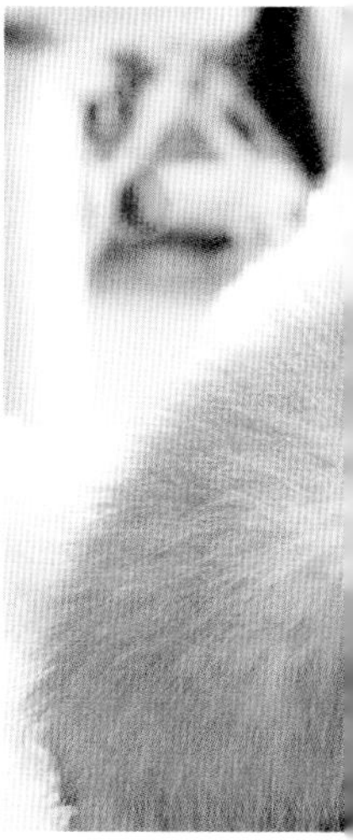

Toro 喜歡撒嬌，常常露出可愛又可笑的表情，吃驅蟲藥時會「咽咽咽咽」地叫，還口吐白沫，可想而知那種藥有多難吃。小虎斑貓九妹是抓回來的，九妹的媽媽把她養在我家樓梯間的地下室，那裏放了好幾疊紙箱。圍捕九妹的過程一點也不容易，因為她不斷鑽到一層一層的紙箱裏。我費盡了九牛二虎之力，終於把九妹帶回家，給她洗澡、去跳蚤。

九妹比較害羞，常常獨自坐在一旁。正值發情期的路易不時「騷擾」九妹，可是沒得逞。

3.
4.
5.

3. 4.
阿怕怕和阿怕氣出雙入對，常常出現在紅色屋頂上。
5.
這就是「超阿怕」，是費了千辛萬苦拍到的唯一一張照片。

1.
2.

1.
吃飽就睡在陽台上的阿怕怕，我不敢動，一動她就跑掉了。

2.
阿怕怕壓着的是我的拖鞋，不知道被誰玩到外面去了，後來變成貓咪的坐墊。

1.

阿怕怕：「我是怕怕貓，別過來啊！」

怕怕貓「阿怕怕」

阿怕怕是小花臉的小孩，卻老是跟阿怕氣和小白一起，而阿怕氣和小白是小花臉的死對頭，所以阿怕怕能游走於兩方之間。阿怕怕最大的敵人應該是我吧，她每次看到我都比阿怕氣看到我更怕，所以叫做「阿怕怕」。阿怕怕的花色與家貓 Camper 很像，其實她小時候有點醜，老是跟在小花臉身後，長大後知道跟着小白來我家就有飯吃，所以常跟小白、阿怕氣兩母女混在一起。阿怕怕與阿怕氣的感情很好，年紀也差不多，不過阿怕怕的階級應該比阿怕氣低，每次吃飯都是小白先吃，阿怕氣在旁邊看（有時候阿怕氣餓了，會用手把碗裏的貓糧撥出來偷吃），小白吃完了就到阿怕氣吃，阿怕氣吃完才換阿怕怕吃，大概是這樣的順序。

還有一隻更怕人的貓，但不常看到，總是偷偷摸摸跑到陽台來偷看，他比所有貓更怕人，也更難拍到，所以我幫他取名為「超阿怕」。

2.
3.
4.
5.

2.
阿怕氣都從這條縫跳進跳出。

3. 4.
我試過抓阿怕氣，可是她太怕人，看我走過來拔腿就跑。

5.
阿怕氣與她的媽媽小白有共同的死對頭——小花臉，她們的視線一旦對上就要開戰了。

1.
阿怕氣：「嗚嗚
不要過來！」

愛生氣的「阿怕氣」

阿怕氣是小白的孩子，在她還很幼小時，小白將她放在防火巷一個很難上去的屋頂縫隙裏。直到阿怕氣長大了，便跟着小白來陽台吃飯。但阿怕氣總是偷偷摸摸地溜進來吃，聽到甚麼聲音就手忙腳亂地逃走。

阿怕氣膽子小得很，有時候晚上我在客廳看電視，她會隔着紗門往裏面看，被發現了又立刻溜走。有一次我倒了貓糧，坐在小白旁邊看她吃，阿怕氣爬上陽台緊張兮兮地看着我叫，一副很想吃飯的痛苦模樣。後來她受不了，便跳下來一起吃。她一邊吃一邊觀察，我動一下她就立刻跳上欄杆，看一看我後又小心翼翼地跳下來繼續吃。幾次下來，阿怕氣稍微放鬆心情，我便大着膽子伸手摸她，結果她氣得「嗚嗚」叫跑開了。阿怕氣的名字就是這樣而來的。

2.
3.
4.
5.
6.

2.
跳來跳去從不言倦的花菊，是最有體育家風範的貓。

3.
吃飽喝足後滿足地舔舔嘴巴。

4.
花菊的眼睛和小白一樣又大又圓，只是她非常怕生，因為我靠近而躲到盆栽後偷看我。

5.
膽小的花菊。

6.
從廚房往下看到花菊餵小貓吃奶。

體操選手「花菊」

花菊非常喜歡做體操，總是掛在陽台的鐵窗上運動。我一開門，她就跳下去，我一走開，她又跳上來。反復好幾次都不厭倦，很有運動家精神。

花菊應該是小白的媽媽，我搬到這裏時，小白還是一隻小貓，旁邊帶着她的就是花菊。花菊很兇悍，把手伸過去，她會毫不遲疑用貓爪侍候。

花菊會跟着小白一起來吃飯，還不定時做做運動練練單槓。看她肚子垂着那麼大一塊，也該多做運動啦！

1.
花菊：「我是單槓好手！」

5.
小花臉：「快給我拿飯來！」

1.
2.
3.
4.

1.
小花臉的登場方式：從頂樓上一路沿着屋頂跳下二樓，夠猛！

2.
小花臉的據點在頂樓，她站着的地方是四樓高的舊招牌上。

3.
看起來很兇，其實對着我喵喵叫撒嬌。

4.
心情好的小花臉用兩隻手前後拍打着紙箱。

1. 2. 3. 4. 5. 6.

1.
某天去拍照遇見白霸從樹蔭裏走出來，似乎要去哪裏。

2.
跟着白霸走，原來他去求愛啊！看到美女貓，白霸唱起情歌來。

3.
美女貓轉過頭來對白霸說：「走開啦，我不喜歡看起來傻呼呼的男人！」

4.
美女貓一講完就跑掉，留下了錯愕、沮喪的白霸……

5.
天下美貓多的是，白霸要再接再厲啊！

6.
白霸半夜也來打招呼，看他裝可愛的表情多逗啊！

醜得有個性的「小花臉」

小花臉，也就是小白的敵手，兩隻貓一見面就吵架。小花臉長得像壞人（她的毛色很特別），個性不太好惹，略具戒心，是隻頑強的貓，所以她來找我吃飯的口氣都不是很好。但她也有溫柔的一面，愛撒嬌，叫聲又非常可愛，跟她花雜雜的外表不太搭呢！

7.
小花臉：「說我醜？你才醜呢！」

2.
3.
4.

2. 3.
隔着陽台底下的壓克力板，
白霸好奇地往裏面看，還一
臉狐疑地盯着相機。
4.
在騎樓偷看我的白霸。

1.
白霸：「我有一顆溫熱的心！」

冷面笑匠「白霸」

白霸是一隻神經大條的貓，每次看到他總是在摩托車上大睡特睡。我偶爾會跟他開玩笑，用手指搓他肥肥的屁股，每次他都飛奔逃走，再回過頭來瞪我。

後來白霸也開始出現在我家陽台，不過他沒有甚麼舉動，只是不發一語，直勾勾地看着我。他不曾跳進陽台，只從外面往裏面瞧。雖然白霸不常來訪，但每次看到他，我都非常高興，還忍不住噗滋地笑出來，因為他的模樣就像個冷面笑匠，太搞笑了！

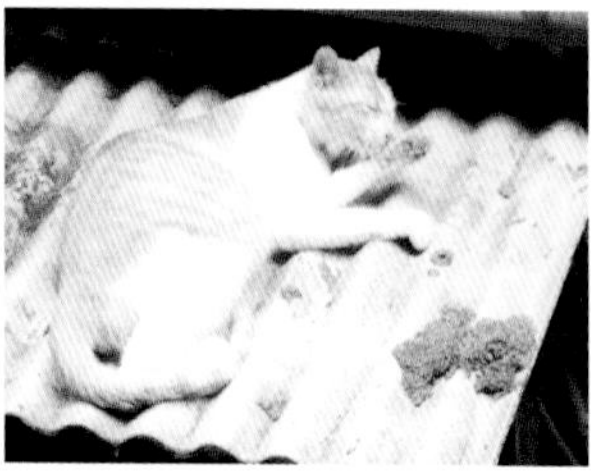
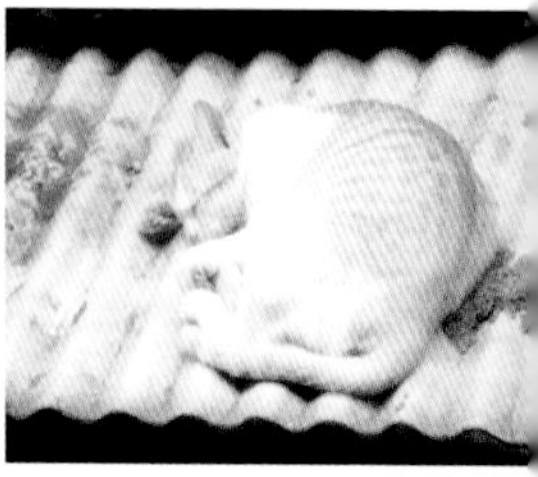

1.
負傷回來的小白瘦了一大圈。

有一段時間，小白失去了蹤影，令我非常擔心。那時候陽台成為街貓的戰場，常常是王見王拚個你死我活。小白跟另一隻貓「小花臉」是死對頭，自從小花臉升格當了媽媽就變得非常兇猛，我常在半夜工作時聽到外面貓兒打架的聲音。之後小白再也沒露臉，取而代之的是有一副可愛嗓音的小花臉。

過了好一陣子，在某個冷雨夜，我聽到紗窗門外微弱的貓叫聲。「小白回來了！」我驚喜地叫，趕緊拿了貓糧去開紗門，一看見小白，我嚇了一跳！她瘦得不成貓形，臉歪了，嘴唇也破了，耳朵後有一道血痕。那段時日小花臉帶着她的小貓霸佔了一樓整個屋頂，小白為了避開她，只能趁深夜偷偷跑來我家吃飯。

過了幾個禮拜，小白帶着已經長大的孩子「阿怕氣」再度現身。小白的傷好了，但她與小花臉的戰鬥仍然持續。每次聽到外頭有對峙的叫聲，我都盡可能出去制止，放食物時也會一邊放一堆，讓大家有份吃。結果演變成小白吃完，阿怕氣吃；阿怕氣吃完，小花臉吃；小花臉吃完，花菊吃；花菊吃完……

貓界大同！

1.
2.
3.
4. 5.

1.
小白非常乖，又愛撒嬌，一摸她就會呼嚕呼嚕，路易王子大概遺傳了她的個性。

2. 3.
小白還是想出去，畢竟她已經習慣流浪的生活。

4.
坐在門前休息的小白，還有在後面偷看的路易。

5.
小白在二樓的屋頂乘涼。

3.
誰說我不專業？我討飯可是第一流的！

1.
2.

1. 2.
小白在陽台上有專屬的位置，紙箱是我幫她和她兒子「阿怕氣」準備的，兩母子最喜歡在午後靜靜地坐在陽台上乘涼。

4

會來家裏作客的街貓

不專業的街貓「小白」

小白儼然成為我們家另一隻家貓了，不但把陽台當成自己家般來去自如，還每天定時來要三餐。我常對小白說：「喂，小白，你好歹也是隻街貓吧，怎麼天天來找我吃飯啊？」我有點擔心天天餵小白到底是為她好還是害了她？這樣下去實在很怕她失去求生的本能。不過小白的嗲功真是一流，大剌剌地坐在門前撒嬌，等我放飯。只要我出門或開門回家，她都會準時迎接，然後一直磨蹭、呼嚕、打滾。

有時候一回到家才打開門，就聽到小白的叫聲由遠而近，還伴隨着跳在甘蔗板上的巨響，一眨眼她就來到我面前了。這個時候，小白會睜着雙眼看我，直向我喵喵叫，再猛然跳進陽台，坐在我為她準備的飯碗前等待……好吧，我真的輸給她了，這就殷勤地去弄吃的吧。

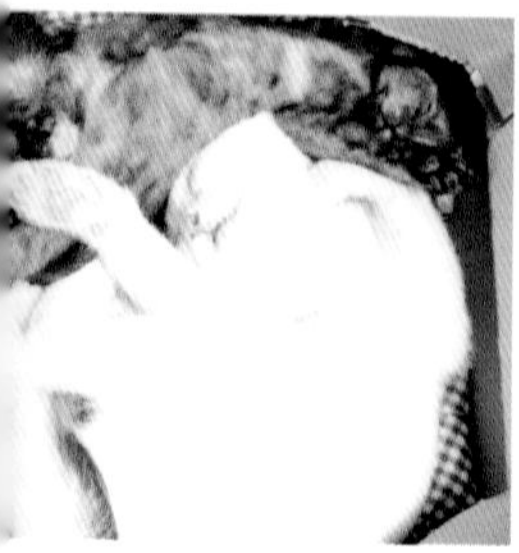

曲終貓散！第二代「小貓馬戲團」完美落幕，三隻小貓都有了新的主人，有溫暖的貓窩，也有充足的糧食。偶爾翻出三隻小貓一起吃飯的照片，看着看着就覺得幸福又懷念。

1. 2. 3. 4. 5.
6.

1.
三隻貓疊在一起睡還真像熱狗，中間那根香腸看起來真可口呢！

2.
路易常常陪着小貓一起玩，一起睡，一起吃，小貓都很喜歡他。

3. 4. 5.
小小的紙箱，路易就佔了大半空間，小貓只能擠在一旁，雖然如此，大小貓都睡得很香，偶爾還會變換隊形。

6.
鼻涕也來擠紙箱。

3.
4.

3.
這張路易和刀疤的合照簡直是張婚紗照！兩隻看起來很恩愛，他們感情確實很好。

4.
路易和小三的睡姿怎麼那麼像某汽車品牌的獅子標誌？

1.
2.

1.
坐在門前曬太陽的刀疤。
2.
倒臥在沙發上睡覺的刀疤，
還張開一隻眼睛偷看呢。

7.
8. 9.
10. 11.

7.
小三的睡顏。
8. 9. 10. 11.
襪子睜着大眼睛就像個布娃娃，一副若有所思的表情，迷到你了嗎？

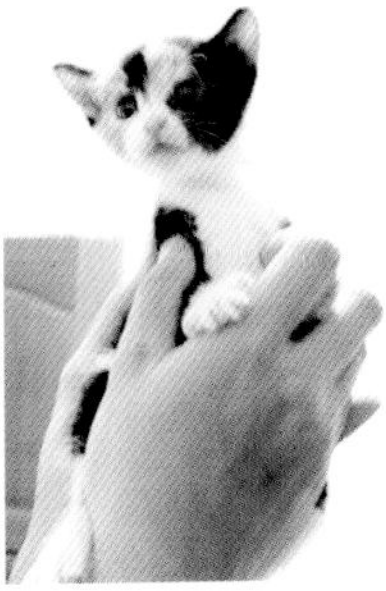

1. 2. 3.
4.
5.
6.

1.
我是小三，因為身上有三種毛色，我的身體柔軟又輕巧，抱起來很舒服呢。

2.
我就是襪子，因為四隻腳都是白色，看起來就像穿了襪子，很帥吧？

3.
放我下來！放我下來！我是刀疤，臉上有個像刀疤的花紋，我可不是好惹的！嘶！嘶！嘶！

4. 5.
小三長得一副憂鬱少女模樣，迷人的眼睛常散發出高雅的氣質，很多來作客的朋友都疼愛得不得了。

6.
小三搖身一變成了功夫貓，看這臥佛睡姿融合了一點張果老懶驢打滾的招式，厲害吧！

1.
2.

1.
三隻小貓洗完澡後，還要除跳蚤、餵驅蟲藥。

2.
第二代「小貓馬戲團」成員，從左起是刀疤、小三、襪子。

3

第二代「小貓馬戲團」

第二代「小貓馬戲團」的登場方式令我難忘。那是一個舒服的秋末午後，我特意到寧靜的防火巷尋找小貓的蹤跡。才模仿貓兒「喵」了幾下，前方石柱後忽然衝出三隻小貓。他們應該是餓壞了，以為貓媽媽回來。小貓還不太會走路，搖搖晃晃站不住腳，其中一隻衝到一半，很機靈地看出眼前的龐然大物不是貓媽媽便開始後退，還發出「哈哈哈」兇人的聲音，她就是刀疤，個性謹慎的小貓。但小貓想逃也來不及了，另外兩隻呆頭呆腦的也被裝進籠子裏。雖然刀疤一直很兇，但才幾周大的小貓嚇不了我，全部被帶回家去！第二代「小貓馬戲團」就這樣誕生了，加上孩子王路易，家裏頓時又熱鬧起來！

5. 6.
7.

5.
與路易同為第一代「小貓馬戲團」的小菊和嘿嘿後來都送人了，有一次帶路易去看「舊友」，三隻貓一見面還有點怕生，不一會兒就玩在一起了。

6.
路易小時候不怕出門，這是帶到我媽媽店裏拍下的照片，路易長大就很怕出門了。

7.
剛睡醒的路易一臉呆傻。

1. 2.
3.
4.

1.
路易王子在城堡的高塔上，一副君臨天下的姿態。

2.
小時候的路易很笨，不懂得咬食物，結果食物積在嘴邊，毛腐爛後掉了一圈。

3. 4.
路易常常玩到睡着。

藍眼路易王子

「藍眼、白毛是我最大的特色，配上粉紅色鈴鐺，更能襯托出我高貴的氣質。反正擁有潔白毛色的我配甚麼顏色的玩意都好看，不管我多愛在貓砂堆裏翻滾玩耍，我一身的白總是讓人喜愛。我就是路易王子，黑貓鼻涕是我打鬧專用的僕人。」

路易是第一代「小貓馬戲團」成員，因為很乖巧，又愛撒嬌，我捨不得送走而留下來養。路易一身白毛加上灰藍色的眼睛，優雅的氣質猶如王子，所以大家都暱稱他為「路易王子」。

路易本來不喜歡脖子上的鈴鐺，幫他戴上時還生氣得大跳大甩，想擺脫這個吵耳的怪東西。後來他習慣了，還展現出既威風又優雅的氣質。路易很愛睡紙箱，一邊睡一邊可愛地喵喵叫，為的是吵人去給飼料。

1.
2.
3.

1.
喜歡端坐的 Camper，就像完美的雕刻藝術品。

2.
Camper 也愛擠在小小的紙箱裏。

3.
路易很黏 Camper，因為 Camper 是最好的貓保姆，只要家裏有小貓，她都會細心照顧。

1.
2.
3.

1.
Camper 這姿勢真是虎虎生風，但其實她很膽小。
2. 3.
Camper 最會擺姿勢，很有模特貓的範兒。

害羞貓 Camper

「大家好，我是 Camper。我跟黑貓鼻涕是好朋友，但我的膽子沒他那麼大，我很膽小，最怕聽到門鈴響，一聽到就會躲到房子最角落或沙發後的小洞裏。確定客人走了我才慢慢地出來晃，再找鼻涕去玩。」

Camper 是我見過的最害羞的家貓，比起不怕生、個性公關的鼻涕，Camper 實在非常膽小。可是當我用鏡頭對着她時，她會目不轉睛地看着，還擺好姿勢讓我拍照。Camper 跟鼻涕感情很好，兩隻貓常常舔來舔去，舔到一半卻打起來，然後又繼續舔……他們已經結紮了，還是會玩親熱的遊戲，每次看到他們這樣我只能搖搖頭。

4.
5.
6.

4.
鼻涕的脖子上有一小撮白毛，那是他身上唯一不黑的部位。如果家裏停電，就很難找到他了。

5.
鼻涕最喜歡大爺般地坐在沙發上，看電視方便，舔毛也方便。

6.
這小子閒來沒事趴着不睡就會擺臭臉，其實他不是不高興，而是不能出去玩，無聊而已。

1.
2.
3.

1.
被我綁在陽台上的鼻涕。因為他常開紗窗門跑出去玩，屢罵不聽，為了處罰他只好綁在陽台不准進屋裏。

2. 3.
鼻涕是「拖鞋狂」，就算是客人的鞋子也不放過，一看到就趴上去聞和磨蹭。因為常把拖鞋當做墊子或枕頭，有些鞋子都被他壓扁了，還帶着一些黑毛。

窩，還天天神經質地舔毛。我天天追着 Camper 玩，偶爾被我爸欺負一下，這就是我的生活！喵！」

把鼻涕帶到陽台來拍照，怕的是我而不是他。因為他不但會開紗門、拉開衣櫥和櫃子，甚至喇叭鎖的門也會開。鼻涕偷偷拉開紗門出去玩的次數已經多到數不清了，如果晚上偷跑出去，黑乎乎的他真的很難找到。鼻涕常跑到鄰居的陽台去納涼，我怎麼叫他都不理。鼻涕又經常大地剌剌地走在連接整排房子的屋簷上，從別人家的陽台偷看屋內的人，如果人家發現了要走出來看他，他會溜之大吉，一直玩到盡興才肯回家。

平常我走到哪裏鼻涕就跟到哪裏，連上廁所也不放過。我在電腦前做稿，他也要坐在旁邊的窗台。誰說貓不貼心？其實貓很黏人，鼻涕可以證明。

2

家貓特集

黑貓鼻涕

「我就是黑貓鼻涕，出生約一個月被撿到時就得了重感冒，不吃不喝，只知道睡覺，還不斷打噴嚏，打完噴嚏臉上掛着兩行鼻涕，我爸就給我取了這個名字。他還以為我會掛掉，因為我一直睡一直睡，誰知道我睡了三天三夜後居然病好了！大病初癒的我非常帶勁，每天破壞我爸房間裏任何東西。後來我發情亂尿尿，爸爸就帶我去「卡擦」掉了。空虛的我只能狂吃以填補心靈的寂

小菊、路易、嘿嘿是第一代「小貓馬戲團」的成員，我是在二〇〇二年的九月找到他們的，一直到十一月初把小菊和嘿嘿送走那天算起，我照顧了小貓兩個月。因為這一次的救貓行動，讓路易留在了身邊。雖然小菊和嘿嘿得到新家人的愛，但送走他們總是令我感傷，原本鬧哄哄的客廳突然變得安靜，只剩下朝陽溫柔的鵝白色斜照着。

1.
路易湛藍色的眼睛和愛撒嬌的個性，讓我決定把他留在身邊。其實是他太笨了，我不敢送人。

8.
9. 10.
11.
12.

8.
大家一起睡一起玩，真是幸福極了。因為太幸福，家貓鼻涕忘了收舌頭。

9. 10.
家貓 Camper 是最佳保姆，每隻小貓她都照顧得很好，大概是母性使然。看她這樣跟小菊睡在一起，還真以為她們是母女呢，兩個都有一雙骨碌碌的大眼睛。

11.
小貓開始吃泡軟的飯了，其實是貓乾糧泡熱水再加一些奶粉，營養豐富啊！

12.
路易怎麼都學不會吃東西，一直吸吮食物，結果嘴旁的毛因為食物積着而腐爛了。

1. 2.
3. 4.
5. 6.
7.

1. 2. 3. 4. 5. 6. 7.
小貓千奇百怪的睡姿，躺着睡、坐着睡、站着睡、仰着睡、趴着睡、身體扭過來睡、好幾隻疊在一起睡……貓咪無論怎樣睡，看起來都好舒服啊！

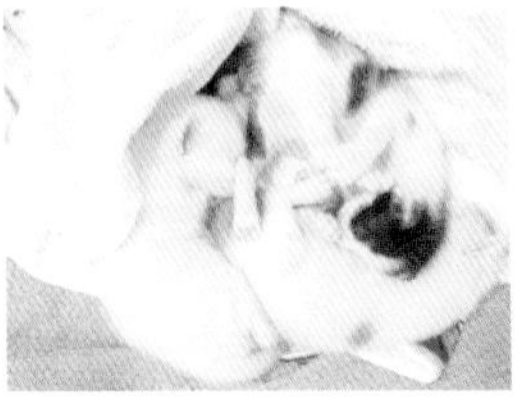

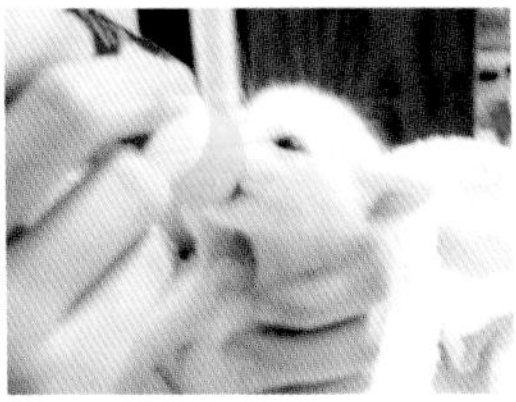

3. 4. 5.
6. 7. 8.
9. 10. 11.

我立刻回家拿了一個大紙袋再折返小巷子，冒着風雨把小貓帶回家梳洗。

就這樣，這三隻小毛孩如同外星球來的小訪客開始住進我家，同時展開了我的「貓中途」生活。

3.
我的名字叫小菊，很好認吧？因為我頭上和身上都有一些橘色的花紋。

4.
我是路易，我原本叫小白，因為我全身都是白色啊！

5.
我是嘿嘿，我身上有很多黑色的花紋，我的名字很好記吧？

6.
小菊和路易依偎在一起睡覺。雖然不冷，但貓咪就是喜歡窩在一起，似乎是天性使然。

7.
貓咪疊在一起睡的工夫實在了得，自己舒服，也不會礙着別的貓，真希望我下輩子也能當隻貓。

8.
把小貓關起來是為了保護他們，免得在我休息時小貓因為玩耍而受傷。不過路易很愛鑽出來。

9. 10. 11.
吃飯時間到了！嘖嘖嘖……嘖嘖嘖……

1

颱風天下來了三隻毛孩

有一段時間我在趕稿，整天處於昏昏沉沉的狀態。一天我撐着疲憊的身體去廚房倒水喝，忽然聽到小貓「喵喵喵」的微弱叫聲。因為刮颱風，外面下着不小的雨，加上熬夜，我想大概是聽錯吧，但定神仔細聽，「喵喵喵」的叫聲依然沒停過。

天啊！小白又在後面的防火巷生了一窩小貓嗎？偏偏選在這種時候⋯⋯我迅速拿了傘就往外面去找。天空飄着不大不小的雨，睡眠不足讓我更看不清，找了好一段時間也找不到。終於，循着貓叫聲，在髒亂的巷子裏找到了一個很大的廢棄空調，看到三隻被淋濕的小貓，但沒看到貓媽媽。我決定把小貓帶回家，風大雨大，他們在外面一定會感冒。

1.
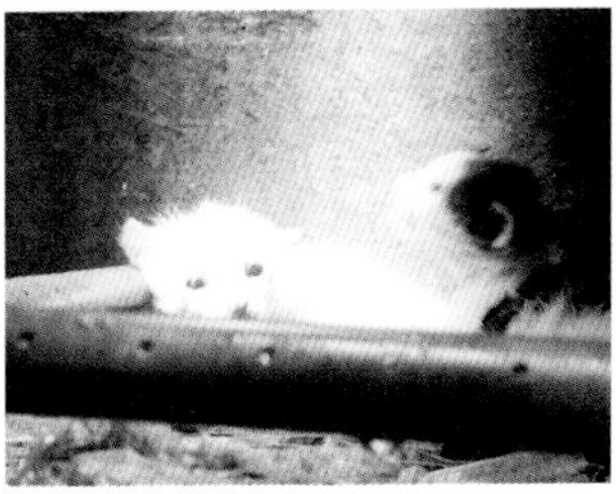
2.
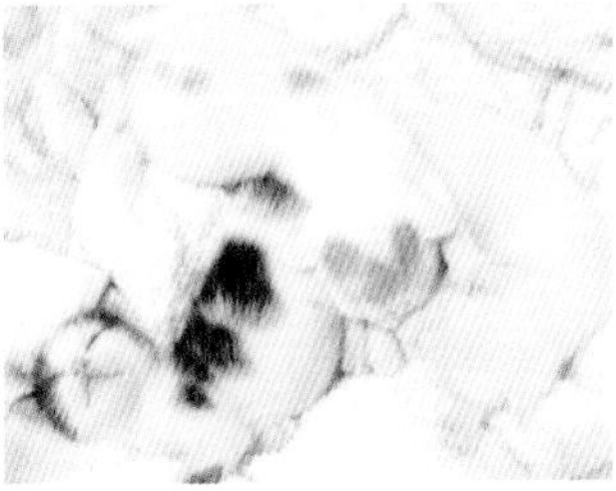

1.
小貓在巨大的廢棄空調裏，不見貓媽媽的蹤影。沒有頂篷遮雨，小貓全被淋濕了，喵喵喵地哀叫。

2.
把三隻小貓帶回家梳洗乾淨後，用柔軟的毛巾做成一個小窩。小貓吃飽後睡得很香，模樣可愛極了。

貓中途二三事

我家客廳就是你們的樂園！

NEKOchen

我家陽台就是你們的食堂！

猫步尋蹤

攝影 / 文字 NEKOchen

責任編輯 張艷玲
書籍設計 吳丹娜

出　　版 三聯書店（香港）有限公司
香港北角英皇道四九九號北角工業大廈二十樓
Joint Publishing (H.K.) Co., Ltd.
20/F., North Point Industrial Building,
499 King's Road, North Point, Hong Kong

香港發行 香港聯合書刊物流有限公司
香港新界大埔汀麗路三十六號三字樓

印　　刷 中華商務彩色印刷有限公司
香港新界大埔汀麗路三十六號十四字樓

版　　次 二〇一五年七月香港第一版第一次印刷

規　　格 十六開（145 × 230mm）二五六面

國際書號 ISBN 978-962-04-3781-6

Published in Hong Kong